碳酸盐岩热液改造活动

蒋裕强　谷一凡　朱　讯　等 著
漆　麟　周　宏　王占磊

U0287357

科学出版社

北　京

内 容 简 介

碳酸盐岩是重要的油气储层类型。近年来，我国深层碳酸盐岩层油气勘探取得诸多新进展，碳酸盐岩成储机理需进一步完善。研究表明，我国西部大型叠合盆地中热液流体对碳酸盐岩的改造活动是不可忽视的重要问题。热液流体对碳酸盐岩的改造已成为研究热点。

本书以热液流体对碳酸盐岩地层的改造活动为重点，结合我国四川盆地、塔里木盆地、伊拉克扎格罗斯等研究实例，系统地介绍了热液改造活动的地质条件、判识证据、地球化学特征；分析了热液改造活动发育模式、改造方式、热液白云岩储集相储集空间类型及其基本特征。热液活动对碳酸盐岩地层改造机理的建立，对于完善深层白云岩气藏高产井地质响应模式、转变深层碳酸盐岩勘探思路、扩大勘探领域均具有重要的理论指导意义和工程应用价值。

本书可供从事碳酸盐岩油气地质勘探的科技人员参考，也可供相关专业的高校研究生和高年级大学生参考。

图书在版编目（CIP）数据

碳酸盐岩热液改造活动 / 蒋裕强等著. —北京：科学出版社，2019.9
ISBN 978-7-03-060959-5

Ⅰ. ①碳… Ⅱ. ①蒋… Ⅲ. ①碳酸盐岩－热流 Ⅳ. ①P588.24

中国版本图书馆 CIP 数据核字（2019）第 059230 号

责任编辑：冯　铂　刘　琳／责任校对：彭　映
责任印制：罗　科／封面设计：墨创文化

科 学 出 版 社 出版
北京东黄城根北街 16 号
邮政编码：100717
http://www.sciencep.com

成都锦瑞印刷有限责任公司印刷
科学出版社发行　各地新华书店经销

*

2019 年 9 月第 一 版　开本：720×1000　1/16
2019 年 9 月第一次印刷　印张：6
字数：120 000

定价：98.00 元
（如有印装质量问题，我社负责调换）

前　言

　　自 20 世纪 80 年代开始，以 Matsumoto（1988）、Hurley（1989）为代表的国外地质学者逐渐注意到了沉积盆地碳酸盐岩地层中的热液流体改造活动。所谓热液是指输入或定位在主岩地层中的流体，其温度明显高于围岩温度（至少 5℃）。2006 年 Davies 总结了构造控制下的热液白云石化发育模式后，学术界才逐渐认识到：全球许多含油气盆地都存在深大断裂所伴随的热液流体活动。随着后期研究的深入，研究者们逐渐发现沉积盆地中的热液活动不仅对盆地的温度、压力和化学条件产生重要影响，而且对盆地中流体-岩石相互作用、油气的生成、运移和聚集具有重要作用，热液流体的改造作用是影响碳酸盐岩储层发育的重要因素之一。为此，AAPG 于 2006 年 11 月出版发行了 "Hydrothermal Altered Carbonate Reservoirs" 专辑（第 90 卷第 11 期），该专辑对热液白云石化进行了系统阐述，建立了热液白云石化模式，认识了热液白云石化作用对储层形成的重要贡献。2007 年 AAPG 年会将这种深层流体在浅层的表现模式作为讨论的热点。

　　在北美地区关于沿构造线分布的热液白云岩储集岩勘探研究已长达一百多年，而全球其他地区在最近 25 年才开始逐渐关注受构造控制的热液白云岩（Hydrothermal dolomite，HTD）储集岩，由此导致在许多沉积盆地中，需要重新对白云石化模型进行评估，以便改进勘探思路和提出新的勘探方针。作为碳酸盐岩储层成因研究的新动向，热液流体改造活动的提出，促使许多含油气盆地中碳酸盐岩储层发育模式被重新认识，并已发现一些世界级大油气藏就赋存在热液白云岩储层中，或是储层形成中有热液流体参与，例如，加拿大东部和美国的密歇根盆地、阿巴拉契亚盆地和其他盆地的奥陶系（部分区域为志留系和泥盆系）以及加拿大西部沉积盆地的泥盆系和密西西比组中，都发育有热液白云岩储层。在大西洋断裂边缘的侏罗系和阿拉伯海湾地区的侏罗系-白垩系，均识别出了受构造控制的热液白云岩储层，其中不乏北美 Albion-Scipio 和 Ladyfern 油田、沙特 Ghawa 油田等世界级大油田。

　　相比之下，我国早在 20 世纪 90 年代就有学者认识到碳酸盐岩地层中发育热液白云岩，但未明确热液流体性质和热液改造活动的发育模式。随着国外对碳酸盐岩地层热液改造研究的逐步深入以及我国西部叠合盆地碳酸盐岩油气勘探中储层所暴露的强烈非均质性，我国学者逐渐认识到渤海湾盆地、莺-琼盆地和西部各大含油气叠合盆地碳酸盐岩产层中都存在热液流体活动迹象，为此，开展了热液活动岩石学与地球化学证据、热液成因储层形成模式等研究工作，并初步探索了热液流体活动的成矿-成藏效应。

四川盆地、塔里木盆地、鄂尔多斯盆地等西部叠合盆地是我国重要油气产区，也是重要油气资源战略接替区，均发育碳酸盐岩产层，因此寻找成岩改造形成的碳酸盐岩储层是油气勘探的重要方向。随着"相控岩溶型"和"近地表-浅埋藏背景下的相控云化型"等储层发育模式在勘探实践中暴露出"同一模式下气井产量悬殊"、"非有利相带储层发育"等实际问题，现有储层发育模式亟待完善。我国叠合盆地具有多期构造活动特点，形成了储层、断层（包括深大断层）及不整合面相互交错、影响的立体疏导体系，为多期热液流体的运移改造提供了有利条件。近年来塔里木盆地深层碳酸盐岩构造-热液作用与储层形成的关联性逐渐引起专家学者的重视，而四川盆地前寒武系-古生界也具备构造-热液活动的基本地质条件，存在热液改造迹象，反映了前寒武系-古生界存在多期基底断裂活动伴生的热液改造。

鉴于碳酸盐岩中热液流体活动的普遍性和巨大研究潜力，作者及研究团队多年来与中国石油天然气集团有限公司、中国石油化工集团有限公司等企业紧密合作，围绕中国南方海相碳酸盐岩中热液活动证据、热液流体改造活动发育模式、热液流体改造作用方式、热液成因储集空间类型等进行了系统性研究。上述研究中所取得的阶段认识中涉及的分析测试依托了油气藏地质及开发工程国家重点实验室、国土资源部沉积盆地与油气资源重点实验室（沉积地质研究中心）、中石油非常规油气重点实验室储层评价实验分室、天然气地质四川省重点实验室等。

本书第一章、第二章由蒋裕强、周宏编写完成；第三章第一节、第四章第一节由谷一凡、漆麟、李军编写完成；第三章第二节、第四章第二节由程超、王占磊、朱讯编写完成；第四章第三节由漆麟、朱讯、蒋婵编写完成。全书由蒋裕强、周宏统编。付永红、何沅翰、周亚东、刘雄伟录入和初步排版，并由蒋裕强、谷一凡统稿。本书力求系统地介绍热液流体活动对碳酸盐岩的改造机理，但限于研究时间短、认识水平有限，书中疏漏或不妥之处，恳请批评指正。

感谢加拿大里贾纳大学（University of Regina）卿海若教授、西南石油大学周路教授、成都理工大学侯明才教授为本书提供的指导。

作者于西南石油大学

2019 年 1 月

目 录

第一章 总 论

第一节 热液流体活动研究进展

"热液（hydrothermal）"即热水，一般指比周围环境流体温度明显偏高（至少高5℃）的流体（White，1957）。热液活动常以金属成矿与油气成藏相互耦合的形式表现出来，其形成了具有巨大经济价值的密西西比河谷型（MVT型）及海底喷气-沉积型（SEDEX型）铅锌矿床，两者共同提供了全世界约95%的Pb和Zn，以及大量银、铜、钡、萤石等其他金属与非金属矿物。在碳酸盐岩地区，热液活动常形成大规模的热液白云岩储层（Lonnee et al.，2006）。

一、海洋热液流体活动

（一）发展沿革

海底热液活动的发现是20世纪海洋科学研究中的重大事件之一，现代海底热液活动的调查研究，是当代海洋科学、地质学、地球化学、矿床学及海洋生物学等多学科共同面临的重大使命，其已成为国际上重大前沿热点研究领域之一。海洋中海底热液流体活动多发生在地质构造不稳定的区域，如洋中脊、弧后盆地、板内热点等，由海底热液循环产生的热水溶液，携带大量的物质，喷出海底可沉淀形成独特的热液多金属硫化物或其他沉积物，同时可引起周围岩石和沉积物发生蚀变。海底热液活动不仅直接影响着大洋底岩石、沉积物和海水之间的热与化学交换，其沉积产物、热液多金属硫化物和软泥，往往直接形成高品位的多金属矿床，具有重要的成矿意义（杜同军等，2002）。

自20世纪60年代中期，Charnock（1964）和Miller等（1966）在红海慢速扩张中心（半扩张速率为1cm/a）首次发现了多金属热卤水和软泥，随后类似的热液多金属沉积物在东太平洋海隆被确认（Skornyakova，1965），从而揭开了海底热液活动研究的序幕。

到20世纪70年代，海底热液活动的调查和研究基本上以洋中脊为主。1972年，在大西洋中脊26°N海区发现了TAG热液活动区，随后在Galapagos断裂带发现了Fe和Mn的氢氧化物。1978年，美、法联合用Cyana号深潜器在东太平洋海隆 21°N 首次发现了金属块状硫化物（massive sulphide ore deposits）。1979 年 4 月，经过综合技术装备的"ALVIN"号深潜器再次成功地沿海隆轴定位出 25 个正在活动的热液喷口。1982 年夏天，美国伍兹霍尔海洋研究所对 TAG 海区进行了潜水采样调查。1985 年 12 月，大洋钻探计划（ODP）在大西洋中脊 23°N 的高温热液活动区（又称 Snakepit）钻取到了未固结的块状硫化物。1986 年 5 月，"ALVIN"号深潜器在对 TAG 海区作了 3 次潜水观察采样后，又在 Snakepit 海区潜水一次，现场采集了块状硫化物、热液沉积物、热液流体及热液活动区的生物样品；1988 年 7～8 月和 1990 年 1～2 月，英国剑桥大学同美国伍兹霍尔海洋研究所合作两次去大西洋中脊潜水作业，对热液喷口及其周围环境进行了系统全面的观察采样，对高温、低温热液活动及"黑色烟囱"（black smoker）（图 1-1）和"白色烟囱"（white smoker）分别进行了系统的研究。

图 1-1　海底热液环境中的"黑色烟囱"（black smoker）

从 20 世纪 80 年代开始，海底热液活动的研究逐渐扩展到全球各大洋构造活动带，如板内热点、海山以及弧后扩张盆地等。其中较著名的调查研究有：1984 年及 1986 年日本对冲绳海槽中部进行的热水沉积调查；1987 年 4 月，美国"ALVIN"号深潜器对马里亚纳海槽进行的以硫化物矿床为目标的海洋调查；1988～1990 年期间，日本使用"深海 2000"号深潜器再次对冲绳海槽的热液活动区进行了多次潜水观察及调查采样（杜同军等，2002）。

与国际研究相比，我国海底热液活动的调查和研究起步较晚，主要调查研究包括：1988 年中国与联邦德国合作 So257 航次对马里亚纳海槽区热液硫化物的分布情况和形成机理进行的调查和研究；1988 年 9 月～1989 年 1 月，中国科学院海洋研究所组队参加了苏联科学院组织的为期 5 个月的太平洋综合调查，沿太平洋海岭采到了热水沉积物样品；1992 年在国家自然科学基金委的支持下，中国科学院海洋研究所首次在国内独立组队对冲绳海槽热液活动区进行调查采样，所采水样、表层沉积物和柱状岩心样品的初步分析结果表明，冲绳海槽的海底热液活动对该区的海水化学成分和底质沉积物均有不容忽视的贡献，并且正在形成一些富 Cu，Zn，Fe，Mn 和 Hg 的沉积物（杜同军等，2002）。2018 年，我国"向阳红 01"号南极科考船首次在南极发现了海底热液与冷泉并存的现象，并获得了天然气水合物形成与海底热液活动密切相关的直接地质与地球物理证据。

目前，美、日、英等国家仍在执行洋中脊（Ridge）计划和 DSDP/ODP，海底热液和寻找矿点的研究得到了空前的发展。从 1963 年美国"发现"号在红海发现热液成因的金属软泥以来，到 20 世纪末，海洋中已发现了近 500 处各种类型的热液活动区。通过各国几十年的努力，海底热液活动的研究已取得了许多重要成果（杜同军等，2002）。

（二）现代海底热液活动发育的构造环境

栾锡武（2004）分析发现，现代海底热液活动发育的构造环境主要是扩张脊上的中轴谷、无中轴谷的扩张脊、海底火山口、陆壳、大陆裂谷、沉积物区和三叉区。

1. 扩张脊上的中轴谷

中轴谷是扩张洋脊轴上的凹地形，在形态上呈"U"型或者"V"型，一般位于扩张脊的中轴部位，沿扩张脊展布。调查发现，不论是快速扩张的扩张脊还是慢速扩张的扩张脊都可能发育中轴谷，但快速扩张的扩张脊上的中轴谷和慢速扩张的扩张脊上的中轴谷形态不同。快速扩张的洋脊上的中轴谷宽度小，一般为 1km 到几公里宽，几十米到几百米深；慢速扩张的洋脊上的中轴谷宽度大，一般宽几公里到十几公里，深度为几百米（图 1-2）。较窄的中轴谷一般底部较为平坦，平坦的底部表面常为新的熔岩流所覆盖，熔岩流上往往发育沿扩张脊延伸的海底裂隙。某些海底裂隙还可能进一步发育成为规模较小的谷中谷。较宽的中轴谷底部一般并不平坦，其中可以发育孤立的海底火山或者沿中轴谷展布的火山脊。发育热液活动的中轴谷并不具有特定的模式，而是在中轴谷的谷底、中轴谷中的谷中谷、中轴谷中的低丘、中轴谷中的火山以及中轴谷的海脊上都可能发育热液活动（图 1-3）。

2. 无中轴谷的扩张脊

中轴谷是扩张洋脊上的一个较为普遍的现象，但在一些扩张洋脊的扩张段上中轴谷只是断续出现，而在有些扩张段上则不发育中轴谷。调查发现，在不发育中轴谷的扩张脊上也可以出现热液活动。

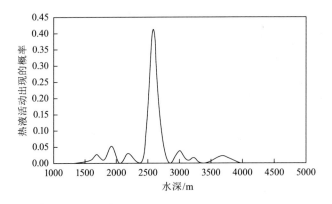

图 1-2　现代海底热液活动区的水深分布［据 Rona 等（1993）；栾锡武（2004）］

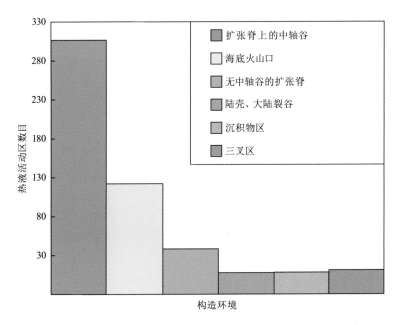

图 1-3　不同构造环境中热液活动区的数目［据栾锡武（2004），有修改］

3. 海底火山口

海底火山口是发育热液活动的一个重要场所。热液活动区往往发育在海底火山口内侧坡或者口底部位。一个火山口往往有多个热液活动发育。热液活动区的火山口在火山口的大小、火山口的形态以及海底火山所处的构造位置方面没有明显的特别之处。较大的火山口发育热液活动，一些较小的火山口也同样有热液活动区存在。发育热液活动的海底火山所处的构造位置也多种多样，即可以位于大洋中脊，也可以位于弧后盆地，还可以位于板块内部。同样发育在大洋中脊和弧后盆地扩张脊上的海底火山所处的构造位置也各有不同，有的位于无中轴谷的扩张脊上，有的位于扩张脊的中轴谷中，有的则偏离扩张脊的中轴而位于扩张脊的侧翼。

4. 陆壳、大陆裂谷

前面提到的绝大多数现代海底热液活动区都发育在洋壳之上，如东太平洋海隆、大西洋中脊、太平洋板内火山等。但也有一些现代海底热液活动区位于大陆地壳之上。这些陆壳又和普通的陆壳有所不同，前者一般都处于由陆壳向洋壳演化的进程中，要么在陆壳上发育大陆裂谷，要么在陆壳上发育海底火山。

5. 沉积物区

现已查明，典型的大洋地壳结构为三层结构，最上层为现代沉积层，第二层为大洋玄武岩层，第三层为大洋的下地壳层（栾锡武等，2001）。最上层现代沉积层的厚度随洋壳年龄的增加而增加，也随着距离大洋中脊距离的增加而增加。在新生洋壳的地方，如大洋中脊地区和新发育的火山地区现代沉积层的厚度非常薄，有些地方甚至缺失最上层的现代沉积层，新鲜的洋壳直接出露于海底。一般情况下，发育现代海底热液活动的地区为新生洋壳的地方，年轻的海底之上除新鲜的熔岩覆盖之外，无任何沉积。但也有个别的热液活动区是发育于沉积很厚的区域。

6. 三叉区

在海底上发育一些 3 个板块（或微板块）接合点构成的三叉区，它们在构成形式上或为 3 条扩张洋脊的交汇处，或为 2 个扩张洋脊和 1 条断裂的交汇处，或者为 1 条扩张洋脊和 2 条断裂的交汇处，在位置上它们或发育在大洋中脊地区或发育在弧后盆地中（Georgen et al.，2002）。

二、沉积盆地内热液流体活动

沉积盆地内的热液流体活动对盆地中固体矿产的形成、油气储层的形成以及油气的生成、运移和聚集均具有重要影响作用，热液白云岩形成的油气储层是低温沉积热液矿化组合的一个端元，而这种组合已把石油地质学和矿山地质学联系在一起。这种矿化组合由三个端元构成（图1-4）。

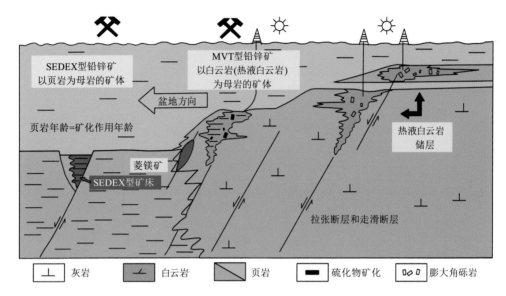

图 1-4　低温沉积热液矿组合三种主要成分的示意图

注：以页岩为主岩的沉积喷发型（SEDEX）铅锌矿床、以热液白云岩（HTD）为主岩的密西西比河谷型（MVT）铅锌矿矿体和热液白云岩（HTD）储层［据 Davies 等（2006）］。

（一）沉积-喷发型铅-锌矿床

　　沉积-喷发型（SEDEX）矿床（Russell et al.，1981）通常发育于页岩中，而且富含闪锌矿和方铅矿。这种矿床位于张性断层上，因此可以按照构造类型和规模分类（Large，1980）。Werner（1990）和 Nelson（1997）阐述了 SEDEX 矿床的断层控制作用。由于 SEDEX 矿床为同沉积矿床，所以其中页岩的时代可用于确定热液流体在有关张性断层上流动的时间。这些张性断层通常位于上述热液矿化组合另外两个端元所处的碳酸盐台地的外侧。

（二）密西西比河谷型铅-锌硫化物矿床

　　密西西比河谷型（MVT）矿床一般都发育于热液型白云岩内，而且常常沿着张性和/或走滑断层分布。有关 MVT 矿床的成矿文献目前已存在很多。密西西比河谷型矿床普遍发育于台地型区域石灰岩层序中，通常位于或邻近陆架边缘—盆地斜坡过渡带。在这样的环境中，它们通常由下切进入盆地的张性断层来定位。在陆架边缘的内部，MVT 矿床及其热液白云岩可以优先分布在扭断层和/或基底高地侧翼之上。常见的矿物有白云石、闪锌矿、方铅矿、硫铁矿、重晶石、氟石、方解石和石英，同时伴生有沥青（焦沥青）。MVT 矿床的硫化物矿化作用通常发生在白云岩角砾内，伴有膨胀角砾的分布和广泛的鞍状白云石胶结。以上两种类型的矿床都具有重要的经济价值，它们所提供的 Pb 和 Zn 要占全球供应量的 95%以上，同时还提供了重要数量的银、铜、重晶石、氟石以及其他金属和矿物（Davies et al.，2006）。

（三）热液白云岩油气储层

此类白云岩在地下是作为已探明或潜在的储层存在的，而在地表露头上则已遭到了破坏。热液白云岩储层相的宏观组构和微观结构与 MVT 矿床的白云岩主岩一致（Dunsmore，1973；Davies et al.，2006）。此外，在产油气的热液白云岩储层中也常见数量不等的闪锌矿和方铅矿，而且常伴有角砾和分布较广的鞍状白云石。与 SEDEX 和 MVT 的另一种共同联系是最强烈的热液蚀变都发生在张性或走滑断层上或其周围。

三、我国含油气盆地中的热液活动及地质记录

（一）油气储层中的热液流体活动

我国目前在四川盆地、塔里木盆地、渤海湾盆地、柴达木盆地、右江盆地、鄂尔多斯盆地碳酸盐岩主力油气产层中均证实了存在热液流体改造活动。

其中，四川盆地震旦系-古生界（含中-下三叠统）热液活动特征显著，常见有热液溶蚀孔洞、斑马状构造及多种可能热液矿物，且常呈组合出现。这些矿物形成在与构造活动有关的脉体、溶洞或微裂隙中，且与构造控制热液白云岩在岩相学相具有一定共生序列。黄思静等（2014）认为峨眉山玄武岩喷发形成的热液克服了温度、盐度两方面动力学障碍而沉淀出鞍状白云石；王国芝等（2014）认为酸性热液流体参与了震旦系灯影组次生孔洞的形成；孟万斌等（2014）认为燕山期热液直接沉淀出长兴组鞍状白云石。蒋裕强等（2018）认为四川盆地东北部礁滩相石灰岩中存在两期热液活动，第一期导致石灰岩的白云石化，而第二期则表现为萤石等矿物充填作用。虽然在热液活动期次方面取得一定认识，但研究方法和技术体系尚显不足。

塔里木盆地地质历史时期中曾发生过多次强烈的岩浆浸入活动与喷发活动，陈兰朴等（2017）基于稀土元素、锶同位素研究，认为塔里木盆地塔河地区早二叠世末存在两幕岩浆热液活动，溶蚀增孔的同时伴随热液矿物沉淀，总

体呈建设性，导致大规模大面积的火成岩体的分布，岩浆活动带来了地壳深部富含 CO_2、H_2S、SO_2 及少量的 CO、H_2、HCl、NH_3、NH_4Cl、HF 等气体和液体的热液流体，对储层发生多种改造作用，主要包括热液白云石化作用、热液溶蚀作用、萤石化作用及大理岩化作用等（吕修祥等，2008，2007）。岩石特征主要表现为热褪色现象和溶蚀改造形成的溶蚀孔洞；矿物特征主要表现多种热液矿物组合；被热液流体改造过的碳酸盐岩富含 Fe、Mn、Si 等元素，其含量是正常海相沉积微晶灰岩的数倍；热液溶蚀作用对储层具有积极的改善作用（金之钧等，2006）。钱一雄等（2012）研究认为，塔里木盆地发生过多期次的构造运动，且在中-晚二叠世发生的强烈的岩浆-火山活动是塔中西北部埋藏溶蚀产生的最基本条件。吴茂炳等（2007）通过研究提出了热液作用的岩石学和矿物学识别标志。

右江盆地泥盆系石灰岩地层被认为在早石炭世到三叠纪共经历四次热液活动，其中第一期热液流体使致密石灰岩发生水力压裂和角砾化，同时伴随广泛白云石化作用，孔隙度大幅度增加；第二期热液充注可能对未被白云石化的沉积颗粒进行溶解，同时伴随鞍状白云石充填和白云岩重结晶（或新生变形）（Chen et al.，2004）。

鄂尔多斯盆地奥陶系区热液来源主要为深循环热水，局部地区尚有深部上升的热液加入，热液流体的热能除了来自地温梯度增温、构造运动加热外，在盆地基底古断裂附近可能还受深部热源的影响（郑聪斌等，2001）。王玉萍等（2014）认为热液流体活跃区域走势与西缘断裂带（逆冲带）走向一致，说明断裂引起的岩石破碎带具有优良的疏导性能有利于热液流体的运移，热液活动可促使溶蚀孔洞发育，并且改善储层连通性，储层受热液活动改造的建设性作用明显，对奥陶系内幕储层的形成具有重要意义（郑聪斌等，2001）。而覃小丽等（2017）认为，早白垩世时，鄂尔多斯盆地发生区域性快速沉降的同时，盆地出现了一次大规模热异常事件，一方面导致上古生界煤系烃源岩大规模生烃，另一方面形成的含烃流体与热异常事件伴随的热液流体进入储层，使储层砂岩发生热液蚀变作用，形成大量晚期热液矿物组合，充填孔隙使储层致密成为超低渗储层，储层受热液活动改造的破坏性作用明显。

综合目前国内外含油气盆地碳酸盐岩地层中的热液流体改造活动研究，不难看出几乎所有研究都局限在石灰岩地层中，相比之下，目前对白云岩地层的热液流体改造机理研究大多参考石灰岩地层中已取得的成果，未明确与石灰岩地层改造发生、改造结果等的差异性，改造过程是否有利于储渗空间形成，仍存在较大争议。与石灰岩地层相同的是，热液流体活动导致白云岩发生溶蚀作用，形成次生孔洞或进一步扩大先期形成的储渗空间；杨海军等（2012）提出热液流体对先期残余空间的溶蚀扩大是形成深部白云岩储层的直接原因；金之钧等（2013，2006）认为热液流体沿断裂-裂缝对白云岩的强烈溶蚀，明显改善了白云岩储层物性。不同于对石灰岩的改造方式的是，热液流体可诱发先期白云岩发生重结晶（钱一雄等，2012），伴随晶体大小、晶间孔的增生；Lavoie 等（2004）发现交代型基质白云岩可在热液流体中发生重结晶作用，而后沉淀出鞍状白云石胶结物；Malone 等（1996）研究了不同岩石组构同位素、微量元素差异性富集规律，揭示了白云石的热液重结晶现象；朱东亚等（2010）和焦存礼等（2011）也认为热液作用下的白云岩重结晶作用具有建设性；然而，Conliffe 等（2009）认为热液流体对白云岩的改造主要为蚀变作用，使先期白云石晶体增大，晶间孔增多，但鞍状白云石沉淀物又堵塞储渗空间；刘伟等（2016）也认为"贫镁"型热液流体导致白云石晶体重结晶或过度生长而堵塞孔隙，总体呈破坏性。

（二）烃源岩中的热液流体活动

对于盆地内烃源岩，热液流体对有机质演化和油气形成具有强化作用，使有机质成熟度复杂化，使有机质热演化成熟门限偏浅（彭晓蕾等，2005）。Davies 等（2006）的研究成果表明，热液可导致干酪根强制成熟，可先于有机质区域性成熟，虽不能生成充注储层的大量烃类，但在此过程中也可形成少量沥青与甲烷气体。以我国四川盆地为例，该盆地地温梯度为 18～33℃/km，大地热流值为 42～69mW/m^2（郭正吾等，1994），不同地区变化相对较大，即在川西南（内江）地区地温梯度高，川东与川北则相对较低。另外，通过对川南安平店-高石梯震旦系剖面顶界地温分析得出，不同时代从三叠系至白垩系剖面地温梯度较高，尤其是三叠系；下寒武统筇竹寺页岩沉积期的地温梯度在全盆中最高，达 41.88℃/km；古热流值在晚二叠世初期达到最高（62～70mW/m^2，井底热流）。另外，在四川盆地震旦系灯影组内部，见有少量沥青与胶结物相混合，该沥青形成较早，可能是强制成熟沥青。可见，地温梯度变化与两期热液活动所产生热源背景增温有关（刘树根等，2008）。

（三）热液流体活动对油气运移的影响

金之钧等（2013）通过分析塔里木盆地奥陶系灰岩中方解石脉的流体包裹体测温和同位素组成特征，认为部分方解石脉的形成与深部热液流体活动有关。热液流体具有较高的温度和压力并富含 CO_2 等组分，不但能通过降低原油黏度和减小油水界面张力来减少油气运移阻力，而且还能通过溶解来携带油气，这是由于 CO_2 的临界温度和压力分别为 30.98℃和 7.38MPa（卢焕章等，2004），按照静水和静岩压力梯度分别为 10MPa/km 和 26MPa/km 以及 20℃/km 的地温梯度来算，CO_2 在地表几百米深度之下就一直处于超临界状态。超临界状态下，CO_2 密度接近于液体、黏度接近于气体、对有机物质的溶解能力非常强（Hyatt，1984），这一特性已广泛应用于植物油的提取（Stahl et al.，1980）、制药等有机处理领域（Subramaniam et al.，1997）。对油气来说，超临界态的 CO_2 也是一个非常好的溶剂，能溶解携带油气向浅部地层运移。实验表明，在压力低于 20MPa 时，CO_2 中主要萃取溶解 C_{20} 以下组分；随着压力的增加，剩余重质组分逐渐开始溶解（李孟涛等，2006）。另外，由于 CO_2 为非极性分子，多数的烃类组分也为非极性分子（如各种烷烃组分等），所以从相同分子极性这一特点上来说油气较易于溶解到其中。

CO_2 的存在除增加油气在热液流体中的溶解能力之外，还能使油水之间的界面张力降低、降低原油黏度、减小油气运动阻力等（李孟涛等，2006；谷丽冰等，2007）；此外，热液流体较高的温度也能显著降低原油的黏度，有利于油气在富水地层中的传输运移。塔里木盆地奥陶系的热液成因方解石脉中的包裹体富含有机组分的特点，证实了热液流体沿断裂裂缝体系自深部向浅部运移过程中携带并促使油气向浅部地层运移。

第二节　研究方法进展

自热液流体的地质作用引起重视以来，各国专家学者从未停止过对其成因机理问题的探索，获得了丰富的资料，建立了广泛认可的认识，取得了实质性的进展。但是，对于热液作用的规模、热液流体来源、热液流体类型、热液作用机制及复合改造效应等问题仍有待有效的探索。对于热液地质作用的研究，岩石学、矿物学与地球化学相结合的手段仍然十分重要。随着科学理论的不断发展和技术手段的不断进步，只有运用更加先进的技术手段和研究思路，并且将地球物理学、计算机科学等众多学科交叉运用，综合分析研究，才更有可能在热液流体的地质作用研究方面取得更大的突破。

20 世纪 80 年代，碳酸盐岩中的热液流体活动研究始于对鞍状白云石的细致而系统的晶体结晶学特征研究（图 1-5），研究重点在于从钙元素差异性富集的角度来解释鞍状白云石的弯曲状晶面的结晶机理以及由此导致的镜下波状消光现象（图 1-6）。20 世纪 80 年代末期，有学者开始使用扫描电子显微镜（scanning electron microscope，SEM）中的背散射（back scattered electron image，BEI）成像技术研究白云石环带结构，配合碳氧同位素温度计来讨论热液白云石化作用的成岩环境，但未建立与构造作用相关的热液流体改造模式（Matsumoto et al.，1988）。

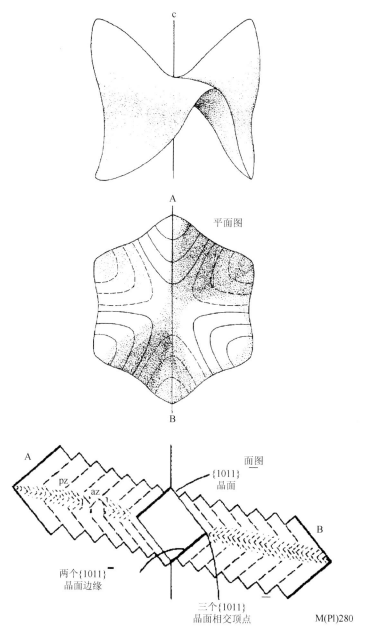

图 1-5 鞍状白云石等距轮廓平面图

注：图中样式化的马鞍状显示晶体表面具有三角对称形态。穿过晶体中心的剖面图显示了薄片观察中常见的
矛形轮廓；在长矛状的轴向带（az）中，包裹体通常垂直于相邻的生长面，而在外围带（pz）中，包裹体
往往更大并平行于相邻的生长面［据 Radke 等（1980）］。

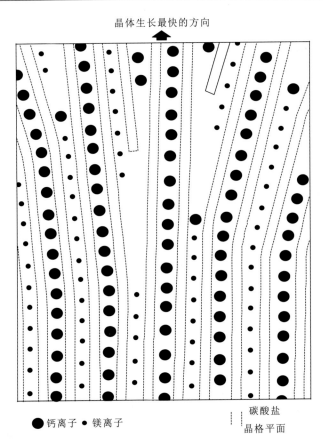

图 1-6　鞍状白云石晶格放大的模型展示

注：图中离子水平上的晶格散度和畸变。钙离子站距离环带中镁离子的位置，导致环带生长速度因晶面被迫偏离而受限，不连续性超出了异常钙离子的位置［据 Radke 等（1980）］。

　　20 世纪 90 年代初期，国内外学者开始使用地质冷热台对热液白云石化形成的各类白云石组构中流体包裹体进行均一化温度测定，从而直接获取不同类型白云石晶体结晶温度，并配套碳氧同位素测定明确热液白云石化作用成岩环境（赵锡奎，1991；Qing et al.，1992）。同一时期，Qing（1992）将锶同位素（$^{87}Sr/^{86}Sr$）测定引入到白云石化作用的热液成因判定。目前锶同位素（$^{87}Sr/^{86}Sr$）测定主要使用 Triton plus 型热电离同位素质谱仪。到了 20 世纪 90 年代中晚期，热液流体活动记录中稀土元素（rare earth elements，REE）配分特征逐渐受到各国学者的重视（Cocherie et al.，1994；Qing et al.，1994；Haas et al.，1995；Hecht et al.，1999），测试分析主要过程为：取 0.1g 研磨至 200 目的粉末样品，溶解于 1mol/L 的 HNO_3 溶液中，将溶解后的液体样品利用电感耦合等离子体质谱仪（ICP-MS）进行测试，得到不同类型稀土元素含量，并用球粒陨石或后太古代澳大利亚页岩（Mclennan，

1989）的稀土元素含量对稀土元素数据进行了标准化处理。胡文瑄等（2010）认为，白云岩的形成与陨石没有任何内在联系，与碎屑岩也无成因关联，而与海水的成分有着直接或间接的关系，利用海水 REE 组成对测试数据进行标准化处理是比较恰当的。

2000 年以后，随着热液活动的构造背景不断被重视，研究成果得到极大丰富。Chen 等（2004）认为沿拉张断裂向上运移的热液流体可导致石灰岩的强烈白云石化。Lavoie 等（2005）通过包裹体、同位素分析，发现热液流体交代致密石灰岩形成的多孔白云岩体可成为油气储层。Lavoie 等（2010）通过露头样品包裹体分析，认为沿断裂运移的岩浆热液引发了生物礁灰岩块状白云化作用。

考虑到早期的热液白云石化模式多是基于岩相学结合地球化学属性反演白云石化流体后而得出的概念模型，属于一种定性研究。2010 年以后，有学者逐渐利用软件和实验模拟热液流体改造活动，开始尝试利用反应-传输模型（Reaction-Transport Models，RTM）数值模拟和 ANSYS 有限元软件对热液流体的溶蚀作用流动机制进行定量模拟预测（李继岩等，2016；Wei et al.，2017）。反应-传输模型可将地球化学反应过程与流体流动和溶质迁移过程相结合（图 1-7），有效预测热液流体的运动轨迹和热液溶蚀作用的分布范围（图 1-8）。Wei 等（2017）利用该模型模拟热液流体对石灰岩的改造，结果表明深埋藏环境下的热液溶蚀主要发生在垂向渗透率高（张性裂缝发育、孔隙连通性好）的部位，目前该方法使我们对不同驱动力下白云石流体的运移轨迹、流动速度以及受控因素等问题有了一个直观的认识。这些模拟还可以分析热液白云岩储层形成过程中的物性变化，被认为是定量化预测热液溶蚀作用中最常用和最有效的方法。

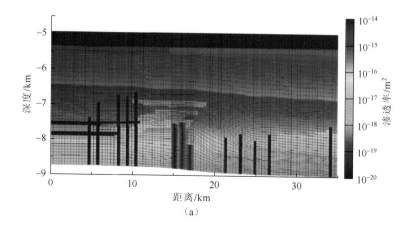

（a）

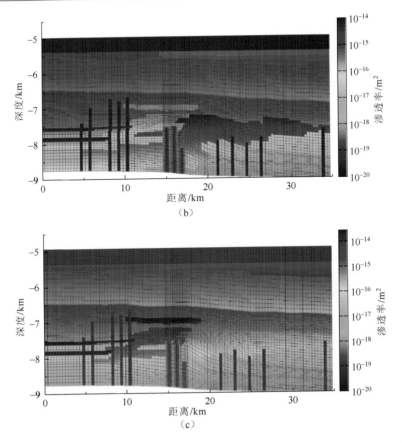

图 1-7　热液流体溶蚀作用模拟中水平渗透率初始值设定结果［据 Wei 等（2017）］

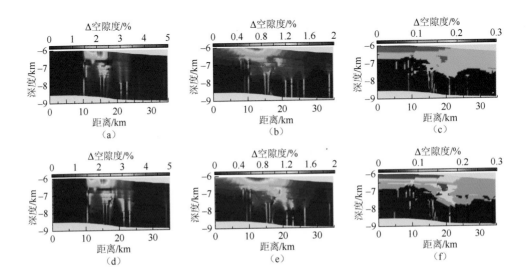

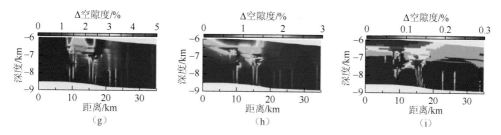

图 1-8 时间间隔为 10Ma 的白云石热液流体溶蚀模式模拟结果［据 Wei 等（2017）］

ANSYS 有限元软件则在实际岩心观察统计的基础上，选择钻井多、资料丰富的地区，考虑现今和古应力场的分布规律，模拟构造裂缝线密度分布规律，最终将裂缝充填率与裂缝线密度相结合，模拟不同层段有效构造裂缝（裂缝未充填率大于 20%）线密度分布规律（图 1-9），其中不同层段溶蚀孔缝与构造裂缝充填程度的变化，是由于深部热液流体流动过程中流速场和温度场的分带变化导致的。数值定量模拟预测方法对油气勘探及开发均具有一定意义，但仍具有一定局限性，首先是成岩过程中边界条件的不断变化均会对模拟结果产生影响；另外，数值模拟中的物理模型多是经过简化的，而且与现代地下水系统不同，大多数古代成岩流体系统的数值模拟结果都无法核对。因此，在未来的研究中加入以露头剖面为约束的模拟，将会使数值模拟结果的可信度更高。

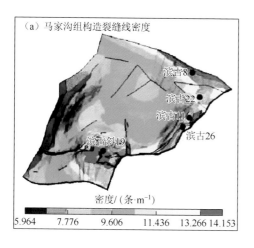

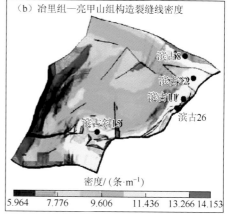

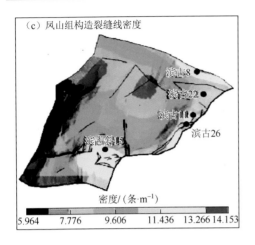

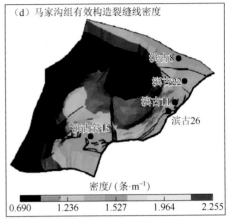

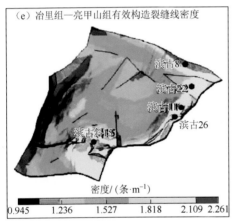

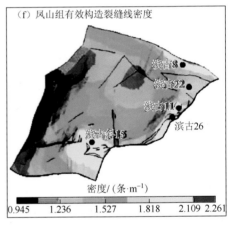

图 1-9　渤海湾盆地东南部东营凹陷不同层段热液流体改造程度数值
模拟结果［据李继岩等（2016）］

实验模拟方面，为了探究含硅热液流体活动对储层形成的影响，尤其是对白云岩会发生怎样的改造作用，王小林等（2017）利用熔融毛细硅管合成包裹体和原位激光拉曼技术，模拟富硅热液对白云岩的改造，其中涉及的熔融毛细硅管合成包裹体技术是一种近年来兴起的新的人工合成包裹体技术（Chou et al.，2008），其可以在室温条件下方便地合成各种有机、无机包裹体，这种微小的（长约 2cm，内径约 50～500μm）熔融硅管胶囊也可以作为高温高压实验的反应腔（Pan et al.，2009；Yuan et al.，2013）。由于腔体透明，除了常规的淬火分析外，还可以利用显微镜和光谱仪对反应过程进行实时监控。此外，熔融毛细硅管的成分为 SiO_2，在进行含硅流体参与的高温高压实验时，不需要额外引入 SiO_2（图 1-10）。

为了探究热液流体条件下，结构控制对碳酸镁取代生物成因和非生物成因文石的影响，Jonas等（2017）用 0.9mmol/L $MgCl_2$ 和 0.015mmol/L $SrCl_2$ 的溶液对具有不同结构和微观结构性质的文石样品进行反应，该文石样品表现出致密性（无机文石单晶）、中间产物（ArcticaIslandica的双壳）和开放多孔结构（珊瑚多孔结构的骨架）。在200℃下的$SrCl_2$，用含钙菱镁矿和非化学计量白云石成分的镁碳酸镁取代文石通过溶解-沉淀过程进行，并导致形成逐渐取代文石前体的多孔反应前沿。

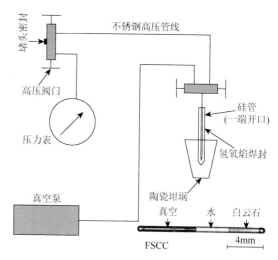

图 1-10 熔融毛细硅管胶囊装样系统示意图和制备好的样品［据王小林等（2017）］

该反应导致反应前沿出现孔隙，并在反应界面形成间隙和空腔等独特的微观结构。新形成的反应边缘由化学上不同的相组成，由尖锐的边界分开。研究发现，随着初始孔隙率和反应表面积的增加，相数和化学变化减小。这一观察结果可以用有效元素通量的变化来解释，这些变化导致反应边缘孔隙空间内流体的化学梯度不同。观察到的反应速率对于最初的高度多孔珊瑚的替换是最高的，对于单个文石晶体的致密结构是最低的。因此，反应过程同样取决于反应界面处的流体与试验材料周围的溶液有效元素通量以及反应表面积。研究表明，母材的组织和微观结构对热液流体条件下的产物相化学组成有重要影响（图1-11）。

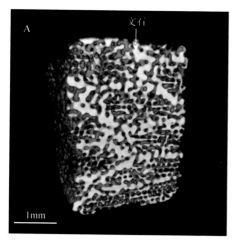

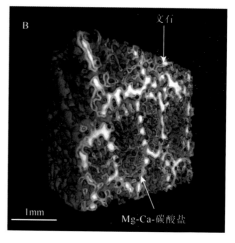

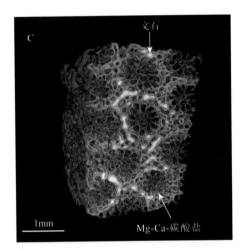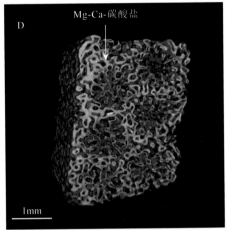

图 1-11　珊瑚碎片样品在不同时间（A：一天；B：两天；C：五天；D：十天）
反应结果的 X 射线显微断层扫描图像

注：L-CT 图像显示反应前沿随时间的变化而发展。一天后，珊瑚碎片样品仍然几乎由纯文石组成
（浅灰色部分）［据 Jonas 等（2017）］。

第二章　碳酸盐岩热液改造活动地质条件

第一节　热液改造活动构造背景

热液流体系统及其形成的矿物（包括白云石）最有可能出现在具有热流升高的构造环境中。此类环境包括张性陆缘的地壳减薄区、张性弧后盆地的内部和向陆一侧、大型裂谷内部以及大陆边缘会聚构造的早期（包括挠曲伸展区）（Bradley et al.，1991）。在进入基底很深的重要扭断层上，还可以出现很强的平流热异常。这种热异常可能对应于斜向会聚构造作用的开始或较晚阶段和/或板块规模的应力作用。在剧烈收缩型盆地或前陆盆地中，地下高温是构造作用驱使深埋的结果，因此不大可能出现高热流（Majorowicz et al.，1981）。

有许多沉积盆地产生于张性构造条件，但可能会历经一期或多期的较晚收缩变形，并伴有前陆楔体和/或冲断席的加载和埋藏。要确定热液白云石化作用是否可能发生在较早的主拉张期，应首先排除这些较晚期的构造因素。

作为高热流条件更深层次的标志，在加拿大西部和其他地区都可以发现火山活动与热液白云石化以及 MVT 成矿作用几乎是同时发生的。加拿大不列颠哥伦比亚省和艾伯塔省的泥盆系顶部至密西西比系下统 Exshaw 组和 Banff 组底部都有火山灰层分布（Davies et al.，2006），它们在成因上与向海一侧的岩浆弧-弧后火山活动有联系（Nelson et al.，2002）。这期火山活动在时代上与西加沉积盆地（WCSB）SEDEX、MVT 和热液白云岩储层的广泛发育密切对应（Davies et al.，2006）。在美国纽约州北部中奥陶统底部的 Trenton 群也存在火山灰层，对于下伏的 Black River 群所形成的热液白云岩而言，这些火山灰层在局部范围构成了顶部封闭层。这些火山灰层具有区域分布特征，其来源可能是原始南卡罗来纳州向海一侧的火山（Huff et al.，1990）。

我国四川盆地在地质历史中发生过两期重要构造-热液活动事件，分别发生在晚震旦世至早寒武世（Z_2-$\mathbb{C}_1$）和中泥盆世至中三叠世（D_2-T_2）（罗志立等，2004）。

晚震旦世-早寒武世的"兴凯地裂运动"导致"古中国地台"解体成三大板块，古中国地台下震旦统中发育陆相和中酸性火山岩相地层，及寒武系黑色页岩内部发育热液矿物（刘树根等，2008）。同时，兴凯地裂运动导致古华南海槽张裂（罗志立等，2004），强烈的拉张作用不仅引起火山活动，还导致大面积的热水沉积，使得扬子地台震旦系顶部硅质岩建造是一次比较大面积分布的热水成因硅质岩

（彭军等，2000；马文辛等，2011）。晚震旦世，扬子地台位于古华南海槽的西北大陆边缘部位，但仍在灯影组中可见热水硅质岩沉积。

中泥盆世至中三叠世的峨眉地裂运动在整个华南板块内部及外围褶皱带均有表现（骆耀南等，2003）。如上扬子地台西南缘（川、滇、黔、桂）峨眉山玄武岩面积约 $30×10^4 km^2$，在断裂交汇处最厚可达 2000m 左右，而且在四川盆地油气钻井中也见有玄武岩分布（刘树根等，2008）。峨眉地裂运动导致华南古板块再次裂解，并呈"台（台地）"与"槽（裂陷槽）"相间的构造格局，尤以四川盆地东北部的开江-梁平海槽及其两侧浅水碳酸盐岩台地为代表，峨眉地裂运动导致地幔物质上涌形成的拉张机制，为多种金属元素从深部上逸到裂陷台槽中，并向台地边缘礁滩富集及热液流体提供了热力学条件和断裂通道。在扬子古板块西缘则表现为峨眉山玄武岩大量喷发，攀西裂谷发育，古特提斯洋打开，并在邻区形成甘孜-理塘小洋盆（P_2-T_1）和康定-炉霍裂陷槽，南部形成南盘江小洋盆（D-T_2）和湘桂赣裂陷槽（D-T）（图 2-1）。

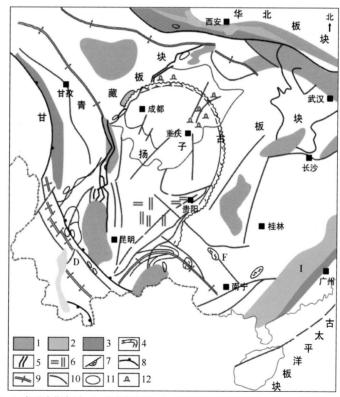

1. 前震旦系陆块；2. 加里东期岛弧；3. 印支期岛弧；4. 推测四川盆地礁块分布带；5. 海西期康滇裂谷；6. 二叠纪玄武岩喷发断裂；7. D~T 生物礁；8. 印支期俯冲带；9. 推测的扩张脊；10. 深断裂和区域断裂；11. 现今盆地范围；12. 1982 年后四川盆地东部发现的上二叠统生物礁；C—康滇地轴陆内裂谷区；D—兰坪-思茅裂陷槽；F—滇、黔、桂、湘边缘海；I—武夷-云开古岛弧

图 2-1　中国西南地区海西期地壳运动构造 [据罗志立（2012）]

相比之下，早二叠世末海西晚期构造运动（与峨眉地裂运动时期近乎相同）对塔里木盆地产生的影响最为显著。受塔里木板块与中天山板块和西昆仑板块碰撞的影响，塔北地区再次强烈隆起，发生冲断和褶皱变形，在阿克库勒地区形成包括轮台断裂、桑塔木断裂在内的一系列断裂褶皱构造带。同时受该时期塔里木盆地处于拉伸背景的影响，盆地发生大规模岩浆侵入及喷发活动，塔北地区亦有火成岩的广泛分布，与此有关的热液作用也广泛存在。陈兰朴等（2017）认为塔里木盆地塔河地区在早二叠世末先后经历了幔源的基性岩浆活动和壳源的中酸性岩浆活动，二叠系钻井剖面中也揭示了 2 类火成岩的大面积连片发育，其厚度分别达到了 70m 和 200m，具一定的规模。据此，认为塔河东南斜坡地区奥陶系碳酸盐岩在海西晚期（早二叠世末）受到了两种性质岩浆来源流体的作用。而员海朋（2003）依据塔河地区在上寒武统-下奥陶统钻遇一套伊丁石化橄榄玄武岩（陈汉林等，1997），认为是板内裂陷岩浆活动的产物，而且岩浆源区物质组成明显受到了俯冲洋壳的混染和影响，表明寒武纪-早奥陶世塔里木板块处于拉张环境（周肖贝等，2012），在塔河东部多发育切穿寒武系的正断层或在上寒武统变形明显的小型地堑（如于奇 6 井区），而下奥陶统蓬莱坝组不受影响，寒武纪末期拉张活动剧烈（邵小明等，2017）。

总而言之，产生热液白云岩侵位的广泛分布的热液流体比较可能出现在张性构造环境中而不是强烈收缩性的构造环境中。然而，这种偏好可能会扩展到会聚盆地演化的早期阶段，特别是当有导致深部扭断层系统活动的倾斜应力存在时。很明显，在给白云岩侵位时的构造环境下定义之前，利用各种可用标准确定热液白云岩侵位的时间是至关重要的（Davies et al.，2006）。

第二节 热液改造活动场所

一、热液流体改造活动场所

矿业文献、构造模拟和石油勘探出版物以及大量二维、三维地震资料均表明，受构造控制的热液流体运动优先选择特定的构造场所。这些场所包括：①张性断层之上，优先选择上盘一侧；②扭断层（深部走滑断层）之上，特别是在松动的水平断错处（releasing offsets）；③在张性断层和/或扭断层相交处，包括转移断层（transfer faults）（图 2-2）。

在热液流体流动、白云石化作用和矿化作用局部化的过程中，以张性断层为主的断层和以扭断层为主的断层所起的相对作用，将受其在沉积盆地中的位置、张性应力和扭张应力方位、重新活动的基底构造类型和方位以及其他因素的影响。

很多以热液白云岩（HTD）为宿主的密西西比河谷型（MVT）矿床和一些热液白云岩储层走向平行于或者接近平行于碳酸盐陆棚、盆地边缘。有直接的证据（地震、重力和航磁数据以及构造图）表明陆棚边缘本身和热液矿化作用都受深达基底、向盆地一侧下降的张性断层的重新活动所控制。例如，加拿大不列颠哥伦比亚省东北部 Sikanni-Grassy 构造带的密西西比系 Debolt 组的热液白云岩储集层就紧邻一条重要的密西西比系陆架-陆坡过渡带，而且其分布位置受控于向西延伸的张性基底断层（Davies et al.，2006）；四川盆地川东北地区礁滩相热液白云岩储层走向近乎平行于形成开江-梁平海槽的晚二叠世-早三叠世初期活跃的张性深大断裂。而逆冲断层不是热液流体矿化作用、白云石化作用的有利活动场所。为了支持这一观察结果，Hardie（1986）提出，在逆冲前陆盆地中流体排放的构造载荷模型不会产生大范围的白云石化。

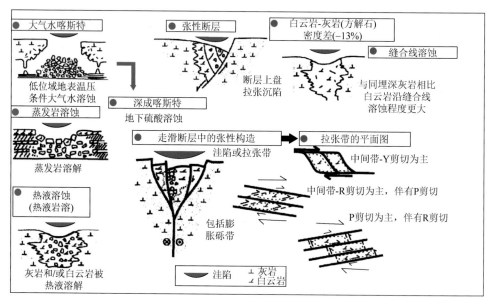

图 2-2　右旋（扭）断层系统的预期拉伸（扭张）构造示意图

注：图中所示的构造部位均为热液流体易于流动和汇聚的地点 [据（Davies et al.，2006）]。

（一）断层上盘

根据许多国内实例来看，SEDEX、MVT 和热液白云岩的分布特征表明纯张性断层或扭张断层的上盘（下降盘）都非常有利于热液流体矿化作用和热液白云石化作用的发生。作为一种张性环境下的断层位移方式，正断层在我国大陆的华北构造区，尤其在鄂尔多斯盆地周缘地堑系广泛存在，青藏高原中部也广泛发育近 SN 向的正断层系统。另外，大型走滑断裂活跃区形成的拉分盆地、褶皱的核部也可能发育派生的正断层。正断层的断层面比较粗糙，断层角砾多呈棱角状、次棱角状，排列杂乱无章，没有强烈挤压形成的复杂小褶皱；当然正断层也并非全部为张性断层，也存在许多剪性断层。热液流体活动对断层上盘的偏好，有多种机理与这种现象有关，这些机理包括：对进入上盘流体的浮力（热密度）驱动（Phillips，1972）、断层顶端扩展过程中压力驱动的流体会优先流入上盘（Knipe et al.，1993）、流体会优先进入破裂带（Knipe et al.，1998）以及在上盘破裂作用有增强（Steen et al.，1998）。在依据二维或三维地震数据确定钻井井位时应考虑这些因素的影响。

（二）走滑断层（扭断层）

回顾有关 SEDEX 和 MVT 矿床以及关于热液白云岩储集层（或者具有热液白云岩侵位解释成分的储集层）的公开发表的数据，显示其与张性断层，尤其与走滑（扭）断层有很强的相关性（Berger et al.，1999）。对比统计表明，所列出的 MVT 和热液白云岩矿点 63%受到扭断层的影响，还有至少 25%可能具有扭转成分。例如加拿大西部泥盆系内的 Parkland Wabamun 油气田（Packard et al.，2001）和 Ladyfern Slave Point 油气田（Boreen and Colquhoun，2001；Boreen and Davies，2004）。走滑断层是简单剪切的表现形式（Sylvester，1988）。辨别出受里德尔剪切或者 P 剪切控制的雁行构造要素（通过地表地质、高分辨率的航磁成像或三维地震图像）对确定剪切主要方向（右旋或者左旋）至关重要。尽管在扭转系统中最大主压应力和最小主压应力（σ_1 和 σ_3）正常情况是水平的，σ_2 是垂直的，但是在扭张和扭压断层位移下这些应力的方位会发生变化。顺着地层的（平行的）条带组构和热液白云岩环境内的席状晶洞（Smith，2006）会记录下 σ_3 为垂直向的应力（裂缝）条件；这可能意味着埋深较浅。由于这些变化，相关的扭张和扭压构造（和流体流以及随后发生的白云岩储集层发育）的复杂性可能会很高。

扭断层的多种特征有利于热液流体流动、矿化和白云石化，以及以垂直管状体和雁行排列形成的白云岩。这些特征是：

（1）它们的几何形状一般是垂直的或者接近垂直，典型的是从基底向上伸展，并向上方逐渐变为较为倾斜的剪切或者雁行状剪切。剪切相对于扭断层的主要位移区（PDZ）的斜度向上方增大，某种程度上由基底上方地层的厚度决定（Naylor et al.，1986；Sylvester，1988；Schreurs，1994）。

（2）主要的扭断层通常由基底岩石内剪切和偏移产生（和激活），在地震上可能表现出可以辨识的倾向滑距。航磁地图（经过滤）可以帮助确定走滑基底构造线。深部扭断层可以穿过基底到达脆性-延性边界，那里的地下温度范围可能是300～600℃主要的热源。

（3）大多数走滑断层都有不同程度的倾向滑移，但根据经验数据，扭张膨胀作用对流体的向上流动和集中最为关键。

（4）深部扭断层可能切割台地相石灰岩地层下面的砂岩（或碳酸盐岩？）热液流体储库。这就使幕式活动的断层能够阶段性地获得流体的充注（断层的流体阀门）。

（5）在膨胀性应力释放弯曲带、在张性断层叠覆带之间（Connolly and Cosgrove，1999）、在张性（拉分）复式构造带、以剪切为界的拉分构造带、在末端帚状断层处以及在张性和/或走滑断层的交汇处（Woodcock and Fischer，1986），都会发生扭断层体系高温高压（温压）流体的集中。扭断层体系内的流体向上流动最容易发生在旋转断块的特定构造边角处（Hodgson，1989；Lewis and Couples，1999）。

（6）由于复杂扭断层体系具有活跃的扭张和扭压力，因此在断层不同部位可以出现扭张拉分（负花状构造，具有地震可分辨的凹陷）、扭压突起（正花状构造）、剪状（scissor）断层和挤压褶皱。花状构造作为走滑构造剖面上的典型特征，是发育于走滑-拉分盆地内的一种扭动构造，基本特征是近于直立的基底扭断裂向上分叉散开。经典的花状构造仅包括正花状和负花状两种类型（图2-3），其中负花状构造是一种发散型或平行型扭动产物，表现为浅层向形，两翼大多以正断层为边界，它具下列特征：①在扭断裂两侧的浅层部位，由于拉张分量作用引起沿断面的倾向滑动，形成地堑式的构造特征，称之为"向形"，它仅仅是形态上似向斜，而不是地层连续弯曲；②边界断层两侧浅层产状几乎没有变化；③在断裂带上因受阻发生弯曲，或在断块叠覆部位的断层两侧，断块沿走向滑动时发生聚合，从而使地层受挤压，局部产生逆断层。我国西北的酒西盆地是受阿尔金断裂控制的走滑盆地，盆地内部控制白垩系沉积的NE-NNE向断层具同生扭动性质，地震剖面上显示了负花状构造特征。

（7）凹陷、角砾岩带和孔隙性白云岩层段这样的构造和岩石组构要素，它们的走向可以与受控于里德尔剪切或P剪切的雁行排列主位移带（PDZ）斜交，例如Albion-Scipio油田（Hurley and Budros，1990）。如果能准确辨别剪切类型，则依据雁行排列构造的方位即可确定断层移动的方向（左旋、右旋）。

（8）连接张性断层的转换断层上的走滑断距也可能是热液流体矿化作用和热液白云石化作用的场所。实例有澳大利亚西部坎宁盆地泥盆系Lennard陆架的MVT矿床（Dörling et al.，1996；Vearncombe et al.，1996）。

（三）张性断层、走滑断层相交处，包括转换断层（transform fault）

洋中脊、造山带和转换断层是三种不同性质的构造，洋中脊为张性，造山带为压性、转换断层为扭性。从一种性质的构造转变为另一种性质的构造，便称为转换。两种构造相互转变的连接处称为转换点。

转换断层最早被认为是大型平移断层，其终端是一些其他类型的构造样式，例如中脊海沟或三联结合点（Wilson，1965；Atwater，1972）。传统转换断层都以平移断层被大洋中的中脊、海沟及三联结合点"调节"为特征，这在板块运动的解释中起了无法估价之作用。当中脊和海沟分别代表扩张和消耗的位置时，伴生的转换断层揭示了扩张和消耗方向，绝大多数转换断层趋向垂直于中脊、海沟。这种转换断层的内涵过于狭窄，使人误将转换断层理解成为大洋中的产物。平移断层终端为其他类型的构造所"调节"的现象，在自然界非常普遍，平移断层终端除了大洋内中脊、海沟"调节"外，还可见到大陆内褶皱-逆冲断裂、拉伸正断层等构造类型"调节"现象。因此，转换断层实质是指大型平移断层的终端为其他构造类型所调节、平移断层之位移为终端与之垂直或高角度相交的其他构造所"吸收"。转换断层主要组成要素为陡倾"平移"断层及与之终端高角度相交的"调节"构造类型。转换断层的"平移"断层与平移断层具明显的区别，主要表现为：前者走滑运动只发生于断层相对平直地段，而后者沿整个断层发生走滑运动；前者两终端构造带的水平错动随断裂活动时间延长可以不变、增加或减少，而后者错距随断层活动时间的延长而增加。但是两者特征都具相对平直的延伸和陡倾的倾角。因此，两者易混淆（王根厚等，2001）。

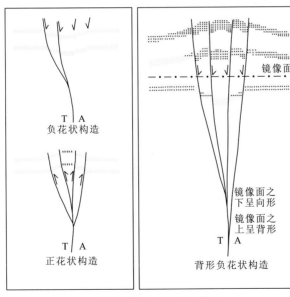

T. 面向观察者；A. 背向观察者

图 2-3 花状构造类型

二、典型实例及地震响应特征

（一）扎格罗斯盆地 A 油田白垩系 Kometan 组

A 油田位于伊拉克扎格罗斯盆地西部的叠瓦状褶皱带与简单褶皱带之间的过渡区，所在构造是一个简单的背斜，两条主要逆断层出现在褶皱东北和西南两翼，位于两逆断层之间的白垩系油藏显示为断块（图 2-4），新生界被弯成具有外弧伸展特征的平缓褶皱。

A 油田主要储层是白垩系 Shiranish、Kometan 和 Qamchuga 组碳酸盐岩。Shiranish 组由厚约 220～350m，浅灰色-深棕色含有孔虫瓦克灰岩和颗粒质灰岩组成，与泥晶灰岩和泥质灰岩互层，岩性从顶部的淡色的块状固结灰岩到底部的黑灰色泥质灰岩，为块状且生物扰动强烈，部分为夹页岩的泥质灰岩。根据岩性、电性特征可分为七段（S1-S7）。

Shiranish 组在 A 油田为致密石灰岩，孔隙度小于 2%，本组裂缝发育。Kometan 组是由灰白色-浅灰色致密、含生物潜穴、成层的缝合线发育的含有孔虫的含颗粒泥晶灰岩组成，泥质含量少，沉积在外陆棚环境，厚度从 TT-01 井 92m 到 TT-08 井的 122m 不等，可分为 K1、K2 两段。Kometan 组为纯灰岩，部分为白云岩（TT-05 和 TT-08 井），基质孔隙度一般小于 3%，局部 6%～7%。Qamchuga 组由褐色上部多孔白云岩段、中部白云岩与石灰岩互层段和下部白云岩段组成，分成 6 个小层（图 2-4），Qamchuga 上段（Q1-Q3）为 160m 左右的浅棕色微晶白云岩组成，部分颗粒组分被保存，裂缝发育；中段（Q4-Q5）段灰岩-泥灰岩互层段，物性较差；Qamchuga 下段为白云岩。最上部约 40m 厚的储层在 TT-01 井的平均孔隙度为 12.75%。

在扎格罗斯盆地北东-南西向地震剖面上，发现热液白云岩的上部石灰岩层出现凹陷（图 2-5）。凹陷成因主要与生长断层活动有关，由于断层拉张作用导致断块塌陷和角砾岩化，在岩层顶部出现线状凹陷（Davies et al.，2006）。目前钻井揭示 Kometan 组白云岩主要分布在生长断层的上盘，即垒-堑结构的地堑内及断层附近。Warren（2000）与陈代钊（2008）指出热液白云石化作用主要发生在断裂系统的上盘，并沿孔渗性相对较好的原岩侧向推进。输导热液流动的断裂体系通常为张性或扭张性断裂，对应生长断层发育期（陈代钊，2008；Smith，2006）。因此可以推断该区热液白云岩主要发育在地堑内。

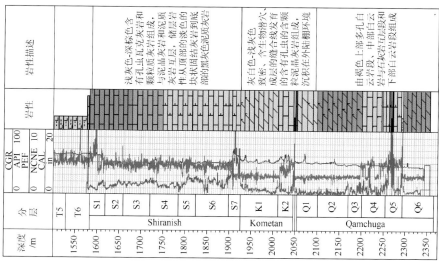

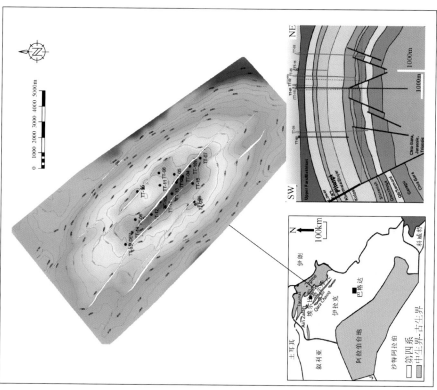

图2-4　伊拉克扎格罗斯盆地A油田位置图及地层柱状图［据张涛等（2015）］

　　Davies（2006）统计了世界上大量热液白云岩实例，大约80%的热液白云石化作用发生在早成岩阶段的浅埋藏成岩环境，基质白云石与鞍状白云石基本上是同时期的产物。白云石化作用的形成机理为：热液上升导致裂隙带内流体压力聚集，大于围岩孔隙流体压力，通过水力破裂作用导致断层扩展，而且断层带内的热液流体垂直上升，加之早期浅埋藏环境下 Kometan 组地层压实作用不强，岩石具有一定孔渗性，上升的大部分热液在顶部受阻情况下在因生长断层形成的凹陷中渗透、聚集和循环，与具有渗透性的石灰岩发生白云石化作用，因此在断层上盘（凹陷区）的白云石化更为广泛。热液改造白云石也具有成层性，同时热液沿断裂带向上，在地垒上的 Kometan 组部分层段及上部 S4 段的早期张性裂缝中仍观察到受到热液改造的鞍状白云石充填物。因此可以通过凹陷分布范围的预测来估计热液白云岩发育的范围，主要利用 S4-K1 的等时图或等厚图预测热液白云岩的发育范围，即厚度增大的区域代表生长断层断距较大，也就是热液活动强烈的区域。

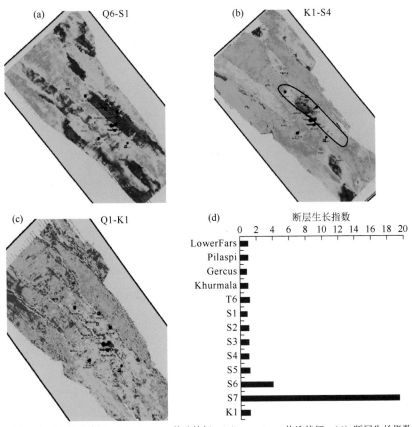

（a）Shiranish 构造特征；（b）Kometan 构造特征；（c）Qamchuga 构造特征；（d）断层生长指数

图 2-5　伊拉克扎格罗斯盆地 A 油田 Shiranish 组、Kometan 组以及 Qamchuga 组各段构造特征及断层生长指数［据张涛（2015）］

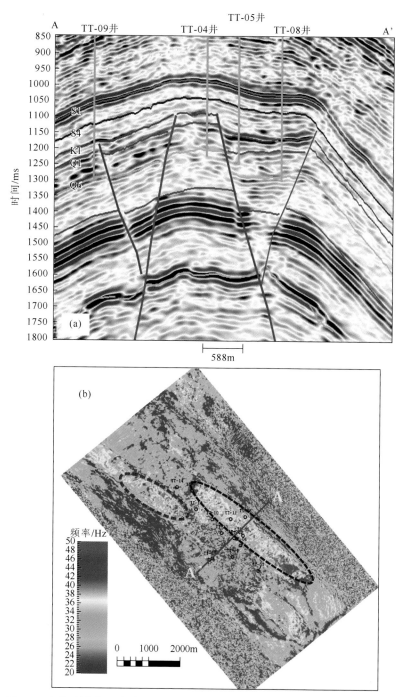

图 2-6　伊拉克扎格罗斯盆地 A 油田凹陷热液白云岩及 Kometan 组顶面瞬时
频率切片［据张涛等（2015）］

同时也可以采用对岩性较为敏感的地震属性来确定，如用 Kometan 顶部瞬时频率时间切片来圈定热液白云岩发育范围（图 2-6）瞬时频率属性能够反映组成地的岩性变化。Kometan 组在本区主要为石灰岩，局部发育的热液白云岩在以石灰岩为背景的瞬时频率图上显示为异常区。在研究区地垒东侧的地堑内已有两口井验证热液白云岩发育，利用等厚图和瞬时频率预测在地垒西侧也存在一个地堑且断距较大的区域发育热液白云岩，本区新钻井（TT-20）已验证 Kometan 组为白云岩，而在同一地堑的 TT-15 井的 Kometan 组则为石灰岩。

（二）四川盆地川中高石梯-磨溪地区震旦系灯影组

高石梯-磨溪地区位于四川盆地川中平缓构造带中部、乐山-龙女寺古隆起轴部的东部。区内灯影组与下伏陡山沱组呈整合接触，与上覆下寒武统筇竹寺组泥页岩呈不整合接触。根据岩性的成分、结构、构造变化并结合电性特征，将灯影组自下而上划分为四段，除灯三段为泥页岩夹石英砂岩外，灯一段、灯二段、灯四段均为白云岩（图 2-7），且主要为藻丘白云岩（包括藻叠层白云岩、藻凝块白云岩、藻格架白云岩等）、藻砂屑云岩（图 2-8），区内沉积相对较厚，向龙女寺-广安地区逐渐减薄。

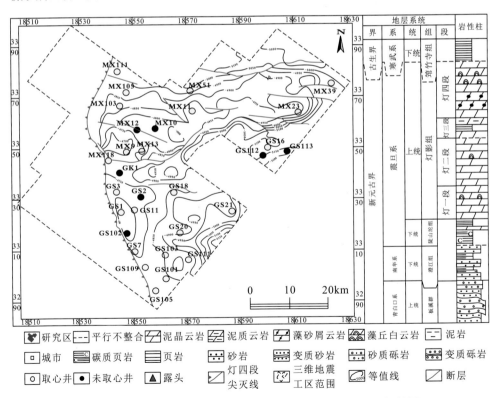

图 2-7　四川盆地川中高石梯-磨溪地区位置图及震旦系地层柱状图

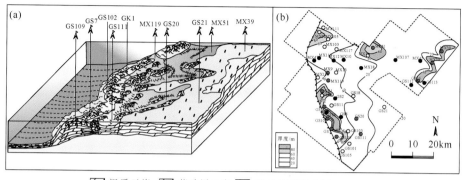

图 2-8　四川盆地川中高石梯-磨溪地区灯影组沉积期古地貌（a）及优质储层厚度
平面分布图（b）（孔隙度>3%）

四川盆地基底在早期位于右行走滑断裂拉张性大地构造背景，地震解释成果表明，川中高石梯-磨溪地区内高角度断裂发育，断裂多呈负花状、断层切穿灯影组并可延伸至基底，两条明显的深大断裂带分别呈近南北向和近东西向展布（图 2-9），并伴有多条 NW-SW 向和 SE-NE 向的断裂（Feng et al.，2017）。

保幅逆时偏移三维地震资料表明，岩溶塌陷体在形成过程中常伴生有溶塌角砾岩、小断层、裂缝等，当塌陷体规模较大时，则会伴生多组断层，并在地震剖面上表现出同相轴"下拉"的现象，在相干切片上则表现为"环状、似环状"的弱相干特征，地震剖面上塌陷体表现为垂向多组同向轴连续下凹，呈类透镜体状［图 2-10（a）］；在灯影组地层相干切片上可以看到，沿四川盆地中部高石梯地区内北东向展布的台地边缘附近出现大量"鸟眼状""杏仁状"的弱相干反射异常，部分塌陷体周围发育同心环状断层。塌陷体整体呈上下直径近似相等的圆柱状，塌陷体边界清晰［图 2-10（b）］，其中 1 号和 3 号塌陷体的规模较大，单个塌陷体直径可达 1300m，沿台地边缘外侧分布；纵向延伸距离同样不等，由一条穿过 1 号至 3 号塌陷体的任意线的地震剖面可见［图 2-10（a）］，在地震剖面上走时 3720ms 附近出现的强反射同向轴为前震旦系裂谷岩浆岩基底（绿色线所示），可以清楚看到部分塌陷体纵向延伸直通基底。

通过相干体时间切片在全区震旦系层系中共识别出横向规模大于 300m 的塌陷体 20 余个，尽管目前并未发现成规模的热液白云岩储集层，但热液对物性的改造不容忽视。目前，研究区内的高石 102 井以及邻区磨溪地区的磨溪 8 井均钻遇塌陷体储集层，并证实其具有良好的储集物性和含气性（图 2-11）。

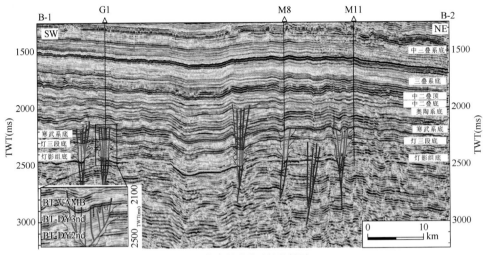

（a）基底断裂地震解释剖面

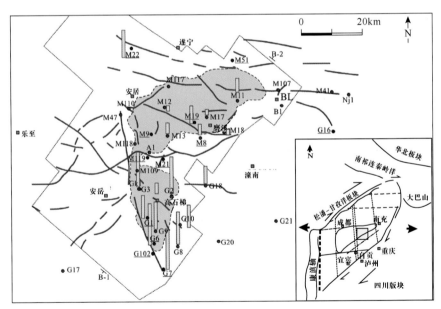

（b）基底断裂平面分布

图 2-9　四川盆地川中高石梯-磨溪地区基底断裂特征［据 Feng 等（2017）］

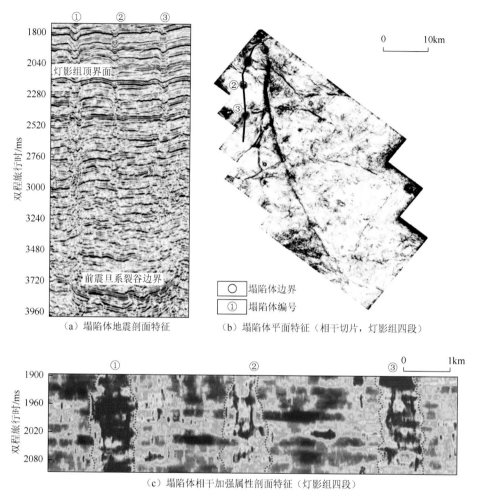

（a）塌陷体地震剖面特征　　　（b）塌陷体平面特征（相干切片，灯影组四段）

（c）塌陷体相干加强属性剖面特征（灯影组四段）

图 2-10　四川盆地川中高石梯地区热液溶蚀改造塌陷体地震响应特征［据丁博钏等（2017）］

（三）四川盆地二叠系栖霞组-茅口组

四川盆地内部及周缘发育多条基底断裂（宋鸿彪等，1995；罗冰等，2015；杨光等，2015），川中地区临近华蓥山断裂带与梓潼-邻水断裂带的交叉区域西南侧（刘建强等，2017）。本区栖霞组下部主要为深灰色薄层泥质灰岩与中薄层生屑泥晶灰岩，上部为灰色中厚层生屑灰岩，局部地区见白云石化，厚度约 100m。茅口组地层分为四段，下部茅一段和中部茅三段多发育灰黑色中薄层生屑灰岩及含泥质灰岩、泥岩和页岩，见眼球状构造；茅二段和茅四段以厚层-块状生屑灰岩为主，有时可见斑块石灰岩和白云岩，该区茅四段被剥蚀。茅口组总体厚度 190～250m（图 2-12）。

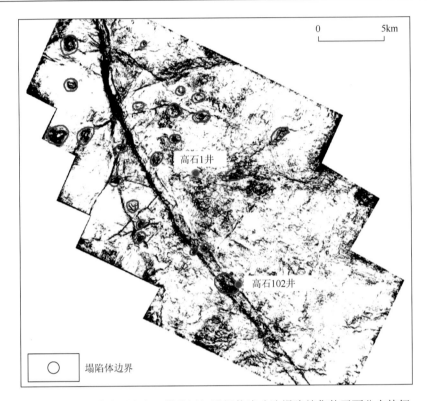

图 2-11　四川盆地川中高石梯地区灯影组热液改造塌陷储集体平面分布特征
[据丁博钊（2017）]

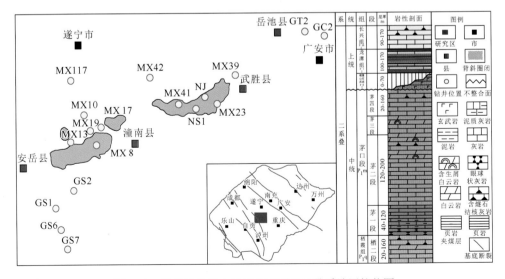

图 2-12　四川盆地川中地区位置图及二叠系地层柱状图

本区上覆上二叠统龙潭组致密泥页岩的封堵、下伏多套烃源岩的沟通、深部震旦系灯影组三段-南华系澄江组巨厚碎屑岩热液储库的有机组合（蒋裕强等，2017，2016），都为热液白云岩储集相的发育提供良好条件。从钻井的对比剖面可以看出，川中地区白云岩既在栖霞组发育，又在茅口组发育。白云岩单层厚度较大，透镜状产出，连续性差。GC2 井茅口组累计发育 45m 厚的白云岩，主要发育在茅口组中上部，而与之紧邻的 G3 井则无白云岩发育。NJ 井栖霞组发育约 25m 厚的白云岩，集中在栖霞组的上部，与之相邻的女深 5 井则无白云岩发育。在地震剖面上，见走滑断裂紧邻 GC2 井和 NJ 井发育（图 2-13）。该断裂的性质为张扭性，NE 走向，断裂的根部断至结晶基底（罗志立，1998；许效松等，1997），说明走滑断裂是在基底断裂的基础上叠加与复活。此外，GC2 井茅口组上部白云岩段在对应的地震同相轴上见明显的"下凹"反射特征（图 2-13）。与之相邻的华蓥山露头区（如华蓥山地质公园），多处见砂糖状白云岩呈透镜状展布，走向长 400～1200m，厚度约 0～20m，常发育在断层和背斜轴部附近（李茂竹等，1991）。在过 GC2 井和 NJ 井的茅口组白云岩段地震剖面上，均可见"下凹"地震反射特征，进一步证实构造控制下热液白云岩储集相的存在。构造控制热液白云岩储集相的认识对深化川中地区乃至四川盆地中二叠统有利储层的成因及分布有借鉴作用。

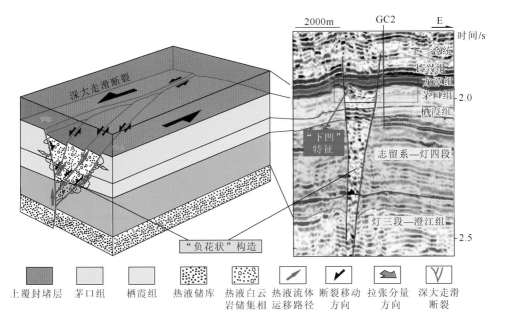

图 2-13　四川盆地川中地区过 GC2 井地震解释剖面［据陈轩等（2012）］

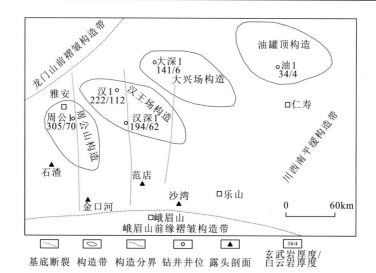

图 2-14　四川盆地西南部地质简图［据陈轩等（2013）］

注：岩石厚度单位 m。

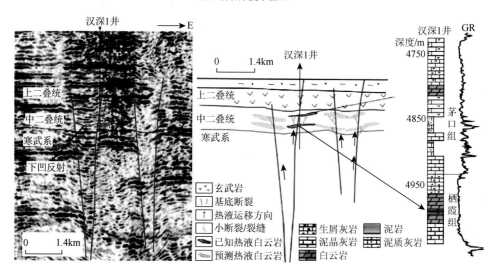

图 2-15　四川盆地西南部过汉深 1 井地震解释剖面［据陈轩等（2013）］

　　而四川盆地西南地区，晚二叠世发生峨眉地裂运动，表现为峨眉山玄武岩沿早期 SN 向基底断裂带大规模喷发。在石渣、金口河、沙湾等露头区均可见中二叠统大套白云岩，且断裂系统发育（图 2-14）。该地区内汉深 1 井栖霞组白云岩厚45m，茅口组白云岩厚约 10m。通过对过汉深 1 井地震剖而进行精细解释，可看出紧邻该井发育 2 条基底断裂（图 2-15）。栖霞组白云岩段所在的地震反射轴见较为明显的"下凹"反射特征，其振幅表现为相对强反射，连续性为中—断续；而茅口组厚 10m 的白云岩地震响应就不明显，只能依据发育的深度标定在地震剖面上，但仍可见到"下凹"反射特征。紧邻汉深 1 井东边 1.5km 处，同样发育有两条基底断裂，根据汉深 1 井白云岩的地震响应特征，可识别出栖霞组—茅口组的白云岩，其厚度可能大于汉深 1 井，横向连续性也可能好于汉深 1 井。在汉深 1 井、周公 1 井厚层白云岩段地震剖面上，同样发育有基底断裂和具有"下凹"地震反射特征。研究区在晚二叠世-早三叠世峨眉地裂运动期间，基底断裂的复活可为深部热液流体的上涌提供有利通道（陈轩等，2013），该流体淋滤中-基性结晶基底以及下伏多套碎屑岩地层，富集大量镁离子，进入栖霞组-茅口组石灰岩地层，进而发生热液白云石化作用，从而形成具有良好物性的热液白云岩。

通过追踪，"下凹"反射主要出现在基底断裂带附近；另外，紧邻基底断裂的井白云岩厚度大，如汉深 1 井、周公 1 井、汉 1 井，而远离基底断裂的井，白云岩厚度就相对较小或不发育，如大深 1 井和油 1 井。由此可见，在基底断裂带附近，热液白云石化作用强，白云岩储层的连续性相对较好；远离基底断裂带，热液白云石化作用弱，白云岩储层变差。从上二叠统玄武岩厚度与中二叠统白云岩厚度的关系上看，玄武岩厚度大的井，白云岩厚度亦大，这进一步论证基底断裂不仅是玄武岩上涌的通道，也是热液流体向上运移的通道。

（四）塔里木盆地寒武系肖尔布拉克组

塔河油田主体位于塔里木盆地北部阿克库勒凸起（图 2-16），其是以中下奥陶统碳酸盐岩缝洞型油气藏为主力产层，其上叠加了多层系、多类型圈闭碎屑岩油气藏的大型油气田。根据阿克库勒凸起及邻区揭示寒武系的钻井，寒武系自下而上为下寒武统玉尔吐斯组（C_1y）、肖尔布拉克组（C_1x）、吾松格尔组（C_1w），中寒武统沙依里克组（C_2s）、阿瓦塔格组（C_2a）及上寒武统下丘里塔格群（C_3ql），与下伏震旦系和上覆奥陶系以平行不整合接触。塔河油田的塔深 1 井揭示了中寒武统阿瓦塔格组台缘相带，于奇 6 井揭示了上寒武统下丘里塔格群台缘相带，下寒武统肖尔布拉克组尚无钻井揭示，北部的雅轮断凸带及西部的沙西凸起部分钻井揭示了肖尔布拉克组。

塔河油田西北地区下寒武统肖尔布拉克组内发育 13 个地质异常体，平面形态为次圆形-椭圆形。异常体面积差异较大，4 个较大的面积为 9.7~33.6km²，9 个较小的面积在 0.6~4.85km²，异常体总面积 96km²。较大的异常体在轮台断裂南侧呈北东向展布，周边零散分布着小异常体，异常体平面分布与轮台断裂走向具有相关性。

肖尔布拉克组内的地质异常体在地震剖面上易于识别，顶面为强振幅连续反射（图 2-17），内部为杂乱弱反射。大的异常体在纵向上表现为圆锥形至平缓凸起的形态，小的异常体表现为尖峰状或圆锥状。肖尔布拉克组内异常体从形态来看可能为侵入岩、膏盐岩或生物丘中的一种，这 3 种类型地质体在速度和密度上存在差异，直接导致反射波振幅存在差异。此外，3 种异常体速度相对肖尔布拉克组地层速度偏低，造成震旦系地震反射波同相轴出现"下拉"现象（图 2-17），"下拉"的幅度与异常体速度和厚度有关。因此，可以通过反射波振幅和"下拉"幅度推测异常体的地质属性。

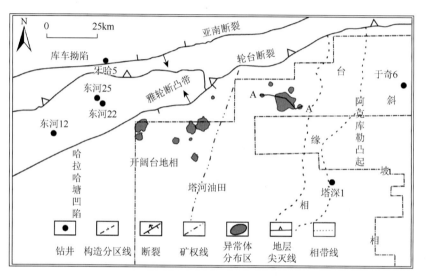

图 2-16　塔里木盆地北部塔河油田肖尔布拉克组地质异常体分布图［据邵小明等（2017）］

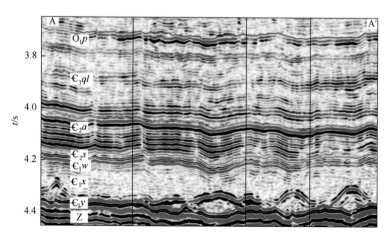

图 2-17　塔里木盆地塔河油田寒武系肖尔布拉克组内异常体地震剖面［据邵小明等（2017）］

肖尔布拉克组异常体正演模型的岩石物理参数参考了巴楚、塔中和塔北地区揭示的寒武系钻井声波测井数据（图 2-18），侵入岩和膏盐岩速度分别参考了在奥陶系或寒武系实际钻遇的侵入岩和膏盐岩的速度，生物丘参考了塔河油田中下奥陶统石灰岩的速度，具体参数见表 2-1，模型正演的褶积模型采用 28Hz 雷克子波。根据正演模拟结果（图 2-18），侵入岩顶面反射波谷振幅和周边玉尔吐斯组反射波谷振幅比为 0.727，膏盐岩振幅比为 1.488，生物丘振幅比为 0.385，而在实际地震剖面上振幅比约为 0.691，与侵入岩振幅比接近。通过楔状模型正演模拟，建立了震旦系顶面"下拉"时间 Y_1 与异常体时间厚度 Y_2 关系：侵入岩为 $Y_1=0.127Y_2-1.46$，膏盐岩为 $Y_1=0.384Y_2+1.3$，生物丘为 $Y_1=0.0635Y_2-1.04$。根据上面的关系式，对图 2-19 中从右向左的第 2 个异常体震旦系顶面"下拉"幅度进行估算，侵入岩造成震旦系顶面"下拉"幅度与实际地震剖面比较吻合。

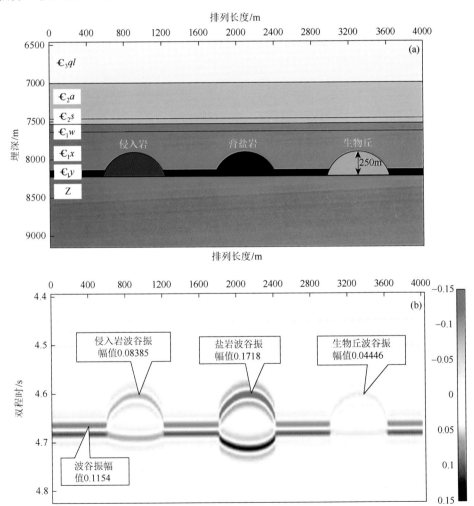

图 2-18　塔里木盆地塔河油田寒武系肖尔布拉克组异常体正演模型（a）与结果剖面（b）

[据邵小明等（2017）]

　　因此，综合正演模型的振幅分析和震旦系顶面"下拉"幅度分析，认为肖尔布拉克组内部异常体地质属性为侵入岩。肖尔布拉克组内部规模较大的侵入岩上方肖尔布拉克组厚度明显减薄（图2-19），上覆的寒武系下凹形态较为典型，而且下凹幅度由下向上逐渐减弱，至下奥陶统蓬莱坝组下凹形态不明显，推断侵入岩的侵入时间发生在蓬莱坝组沉积前。

表2-1　塔里木盆地塔河油田寒武系肖尔布拉克组正演模型参数［据邵小明等（2017）］

地层或异常体	厚度/m	速度/（m·s⁻¹）
震旦系	—	6550
玉尔吐斯组	40	5500
肖尔布拉克组	500	6626
吾松格尔组	95	6425
沙依里克组	80	6513
阿瓦塔格组	475	6322
侵入岩	250	5592
膏盐岩	250	4500
生物丘	250	6100

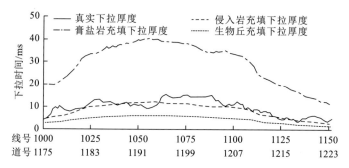

图2-19　塔里木盆地塔河油田不同属性异常体对应的震旦系顶面"下拉"幅度对比图
［据邵小明等（2017）］

第三章　碳酸盐岩热液改造活动证据

第一节　热液改造活动岩石学证据

热液作为一种重要的地质营力,其流体性质和来源一直是研究者关注的焦点。王小林等（2017）认为,热液白云石化流体在成分上肯定是富镁的,其来源具有多样性,如改造的蒸发残余咸水、蒸发岩溶解等（Davies et al.,2006）。其他溶蚀性热液流体则含有一定量的酸性组分,按其来源可以分为以下三类:①与岩浆活动有关的热液。例如,塔里木盆地在二叠纪发生了广泛而强烈的岩浆活动,释放出了大量的富氟的热流体。富氟热液沿断裂和裂缝上移,强烈改造奥陶系石灰岩,形成了特征的萤石化储层（朱东亚等,2008,2005）;②与有机质热演化作用有关的热液。沉积有机质在热演化过程中会产生一定量的有机酸和CO_2,这些酸性流体进入储层后将对碳酸盐等碱性矿物产生一定的溶蚀作用;③与热化学硫酸盐还原作用（thermochemical sulfate reduction,TSR）有关的热液。碳酸盐岩层系中的热液流体在很多情况下具有富硅的属性。例如,除了鞍状白云石外,石英也是重要的热液充填矿物（刘树根等,2008;朱东亚等,2010;蒋裕强等,2018,2016）。而研究热液流体改造活动,首先要判断是否曾发生热液流体活动,并提出相应证据。热液流体活动通常广泛发育基质交代型或缝洞充填型的鞍状白云石,同时含有少量其他热液矿物如闪锌矿、方铅矿、石英、黄铁矿、重晶石以及萤石等,另外还经常可见被鞍状白云石充填的因剪切应力形成的微裂缝、斑马状结构和膨胀角砾结构。

一、热液矿物组合

基底断裂作用引起沉积低温热液活动可以形成热液白云岩及密西西比河谷型（MVT）的铅锌硫化物矿化作用,主要指以热液白云岩为母岩的矿化作用,是形成 MVT 铅锌矿床的主要因素,其中最常见的矿物是鞍状白云石（SD）、闪锌矿（Sp）、方铅矿（Gn）、黄铁矿（Py）、重晶石（Brt）、萤石（Fl）、长石（Fsp）、方解石（Cal）以及石英（Qtz）。这些热液矿物通常以特殊的矿物组合形式出现,由于这些矿物既有热液成因也有非热液成因,必须从矿物组合的角度才能比较可靠地说明一个地区是否有热液流体的活动（Inoue,1995;Stoffregen,1987）。

作为热液流体成岩环境的重要岩相学标志（Davies et al.,2006）,鞍状（鞍形或称畸形）白云石由热液流体直接沉淀形成（陈代钊，2008），呈灰白色、灰色或棕色，珍珠光泽，具弯曲晶面和晶格（图3-1），反映了原子高速结晶，并附着晶体生长，晶格缺陷多（富含包裹体），结晶温度至少大于白云石临界粗糙温度（critical roughness temperature，CRT）。正交偏光下呈波状消光，阴极射线下光亮发光，环带结构明显，表明晶体内微量元素成分变化丰富。

（a）晶面弯曲的鞍状白云石，茅口组，GT2井，4795.2m；（b）镜下鞍状白云石呈马鞍状弯曲，茅口组，GT2井，4795.2m，单偏光；（c）鞍状白云石呈波状消光，茅口组，GT2井，4795.2m，正交光；（d）溶洞内半充填鞍状白云石，MX51井，5335.7m；（e）鞍状白云石与泥晶白云岩相学对比明显，前者晶体明显较大，MX51井，5335.7m，正交光；（f）沿溶洞边缘半充填鞍状白云石，MX117井，4601m。

图3-1 鞍状白云石岩石学特征

虽然鞍状白云石被普遍认为是热液成因的关键性标志（Radke et al.，1980），但它并不是鉴别热液成因背景的唯一标志。在相对封闭的体系中压溶作用下的局部调整（沿压溶缝）和热化学硫酸盐还原作用下也有可能形成少量的鞍状白云石（图3-2）（Machel，1987；卿海若等，2010）；并不是所有的热液背景中都有鞍状白云石的存在（Braithwaite et al.，1997；李继岩等，2016），如中国塔里木盆地西克尔地区仅发育有萤石、重晶石和巨晶方解石等热液矿物组合，未见鞍状白云石。因此，在具体工作中，需要综合考虑鞍状白云石在碳酸盐岩中的产状、含量、共生矿物组合以及地质背景等因素，才能比较准确地判断它们的成因。

鄂尔多斯盆地中央古隆起东侧的一些井（如鄂6井、苏2井、定探1井等）中奥陶统马家沟组，尤其是马四段白云岩中，常见细—中晶黄铁矿呈分散状或聚合状充填溶孔、溶洞、溶缝或交代基质，胶结物及结晶白云岩。根据黄铁矿 δ^{34}S 值等资料，黄铁矿的形成温度为 170～292℃（表3-1）。在定探1井与黄铁矿共生的还有痕量方铅矿和闪锌矿。方铅矿的形成温度更高，为349℃，表明该区马家沟组埋藏成岩过程中受盆地西边祁贺海槽引张逆冲断层影响下，在局部与深部断裂沟通的地方可能有热液活动，从而导致局部白云石化作用，及与之伴生的硬石膏、萤石、天青石、畸形白云石、黄铁矿和痕量方铅矿、闪锌矿的形成。在渭北隆起的宜探 1 井马家沟组马五段白云岩溶孔洞中有畸形白云石生长，在耀参 1 井马家沟组马四段的粉晶白云岩裂缝中有天青石形成，可能其形成均与热液作用有关。

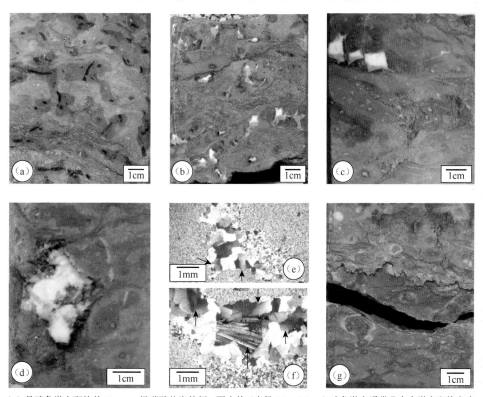

（a）具暗色潜穴斑块的 Yeoman 组碳酸盐岩特征，更小的（直径 0.2～0.3cm）暗色潜穴通常分布在潜穴斑块之中，3-8-1-11W2 井，3191.6m；（b）白色鞍状白云石以胶结物的形式充填在潜穴晶洞中，部分晶洞发育示底构造，鞍状白云石作为胶结物沉积在晶洞的上部，3-8-1-11W2 井，3190.7m；（c）鞍状白云石作为胶结物充填在示底构造的方形、矩形晶洞中，3-8-1-11W2 井，3194.4m；（d）鞍状白云石胶结物充填于大的不规则的晶洞中，这些大晶洞可能与潜穴溶蚀扩大有关，3-8-1-11W2 井，3204.3m；（e）潜穴晶洞中充填的鞍状白云石胶结物，呈波状消光（箭头指向）的显微照片，3-8-1-11W2 井，3189.2m；（f）潜穴斑块晶洞中充填的鞍状白云石（呈波状消光，实心箭头指向）及粗晶片状硬石膏（空心箭头指向）的显微照片，3-8-1-11W2 井，3191.1m；（g）Yeoman 组上部白云石化岩石中的缝合线，11-27-1-17W2 井，3062.92m

图 3-2　加拿大萨斯喀彻温省东南部奥陶系 Yeoman 组非热液成因鞍状白云石
[据卿海若等（2010）]

　　不只是鄂尔多斯盆地碳酸盐岩中存在热液矿物组合，覃小丽等（2017）在研究该盆地东部上古生界致密砂岩储层时，发现热液流体对致密砂岩储层进行了强烈的热液蚀变作用，同样形成了多种热液矿物组合，包括高岭石、伊利石、绿帘石、铁白云石、晚期硅质胶结物、自形晶黄铁矿等。根据蚀变矿物产状及其世代关系，可以识别出早、晚 2 个世代的蚀变矿物组合，早期蚀变矿物组合为高岭石+细鳞片状伊利石+绢云母+石英等，该矿物组合代表了早期成岩阶段成煤有机质演化形成的酸性流体蚀变作用产物。晚期蚀变矿物组合为伊利石+绿帘石+铁白云石+自形晶黄铁矿+晚期硅质胶结物，反映出晚期蚀变流体是一种富 K、Na、Ca、Mg 等离子的碱性流体，是一种典型的热液型矿物组合，其形成温度明显高于早期蚀变矿物组合（图 3-3）。

表 3-1　鄂尔多斯盆地奥陶系马家沟组白云岩中黄铁矿、方铅矿硫同位素及形成温度
[据方少仙等（2013）]

序号	井号	岩心样品号	层位	$\delta^{34}S/‰$	矿物	温度/℃
1	鄂 6 井	7-15/36	马四	+3.78	黄铁矿	170
2	苏 2 井	9-50/68	马五第 3 段	+3.09	黄铁矿	180
3	定探 1 井	1-38/83	马四	+7.14	黄铁矿	292
4	定探 1 井	1-38/83	马四	+1.46	方铅矿	349

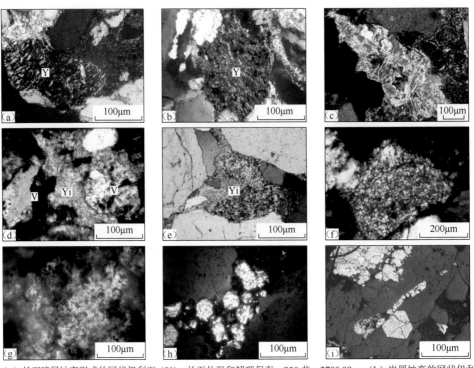

（a）长石碎屑蚀变形成的网状伊利石（Y），长石外形和解理保存，S30 井，2790.09m；（b）岩屑蚀变的网状伊利石（Y），岩屑外形保存，S41 井，2369.16m；（c）长石伊利石化，长石双晶和外形保存，Y28 井，2295.5m；（d）火山物质蚀变成鳞片状伊利石（Yi），残余隐晶质和微晶质的火山碎屑（V），S50 井，2485.35m；（e）杂基蚀变成网状伊利石（Yi），S50 井，2485.35m；（f）岩屑颗粒蚀变形成的高岭石，岩屑外形保存，S51 井，2573.35m；（g）杂基蚀变为高岭石，S45 井，2191.76m；（h）颗粒间草莓状黄铁矿，S57 井，2772.32m；（i）自形晶黄铁矿及充填裂隙的黄铁矿，S73 井，2153.34m

图 3-3　鄂尔多斯盆地东部上古生界储层砂岩热液蚀变作用微观特征 [据覃小丽等（2017）]

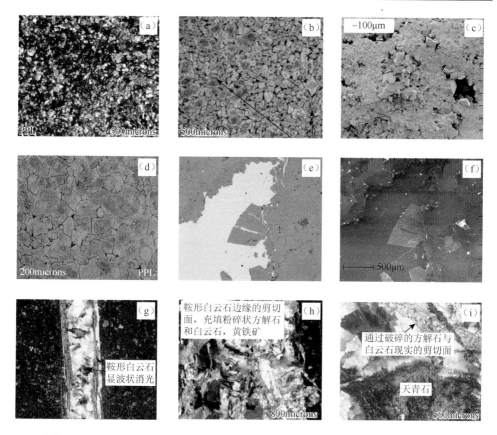

（a）石灰岩，浮游有孔虫，单偏光；（b）细晶白云岩，晶体大小100～300μm，浮游有孔虫幻影，单偏光；（c）细粉晶白云岩，扫描电镜；（d）嵌晶状细晶白云岩，浮游有孔虫幻影，单偏光；（e）TT-08井，背散射电子成像下浅灰色为嵌晶硬石膏充填于中间裂缝孔隙中，深灰色为马鞍状白云石晶体；（f）与（e）同视野，阴极发光，白云石和硬石膏都不发光；（g）裂缝内充填（方解石、鞍状白云石），鞍状白云石呈波状消光，正交光；（h）边缘被部分充填的垂直裂缝，正交光；（i）天青石晶体形成黏结状、放射状团块，呈较低干涉色，正交光

图 3-4 伊拉克扎格罗斯盆地白垩系热液矿物微观岩石学特征 [据张涛等（2015）]

伊拉克扎格罗斯盆地白垩系热液矿物组合主要为硬石膏-鞍状白云石-天青石，从背散射电子成像 [图 3-4（e）] 看出，浅灰色为嵌晶硬石膏充填于中间裂缝孔隙中，深灰色为马鞍状白云石晶体，阴极发光图片上白云石和硬石膏都不发光 [图 3-4（f）]。中-粗晶鞍状白云石被作为热液白云岩的标型矿物之一。条带状构造、角砾状构造是热液白云岩的典型构造，图 3-5 显示早期高角度裂缝复杂充填和多次扩大的证据，也直观展示热液矿物的共生次序。首先是具有一定渗透性的基质发生白云石化作用，即石灰岩溶解伴随基质白云石化形成印模或残存原灰岩组构幻影；在靠近断层处因水力破裂作用发生角砾岩化；最后是鞍状白云石胶结，在溶蚀的孔洞和扩大裂缝中沉淀晶粒较粗的鞍状白云石和硬石膏。该层位热液白云岩的共生次序

与多数热液白云岩例子是一致的。发育基质交代型和孔-缝充填型的鞍状白云石为标型特征,在岩心及薄片上可以观察到共生次序:石灰岩主岩→基质白云石化和交代鞍状白云石→孔(裂)隙充填鞍状白云石→硬石膏。在 TT-04 井 S4 段张性裂缝中充填鞍状白云石+天青石组合 [图 3-4(g);图 3-4(h);图 3-4(i)],天青石晶体形成黏结状、放射状团块,显示为较低干涉色。

塔里木盆地发现的与热液活动相关的矿物组合主要有萤石、绿泥石、闪锌矿、重晶石等,常见有 3 种热液矿物组合,即萤石-石英组合、闪锌矿-绿泥石-方解石组合、重晶石-石英-菱铁矿-黄铁矿组合(吴茂炳等,2007;潘文庆等,2009)。通过薄片和能谱分析,在塔里木盆地部分地面及井下的下古生界碳酸盐岩溶孔洞及裂缝中发现也有热液矿物。例如,在塔中的 621、82、71 等多口井的中奥陶统良里塔格组的亮晶藻砂屑石灰岩段(良二段)中,发现了金红石、天青石、闪锌矿、重晶石、方沸石、硬石膏、萤石、钠长石等热液矿物;部分探井(如塔中 12 井、塔中 162 井、塔中 19 井等)在下奥陶统鹰山组也发现有闪锌矿、天青石、石英等热液矿物。

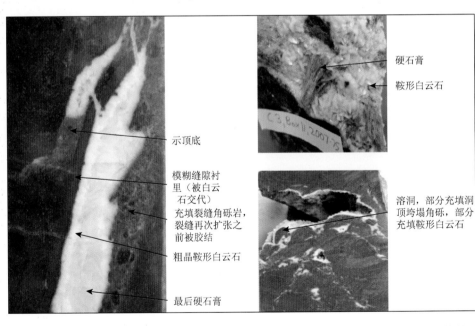

图 3-5　伊拉克扎格罗斯盆地白垩纪早期高角度裂缝复杂充填和多次扩大显示热液矿物的共生次序 [据张涛等(2015)]

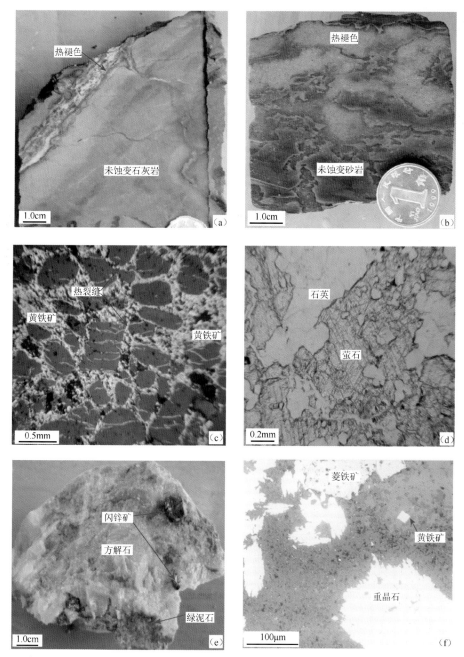

（a）石灰岩的热褪色现象，塔中18井，下奥陶统（O_1），4764.5m，岩心照片；（b）砂岩中的热褪色现象，塔中10井，志留系（S），4738.0m，岩心照片；（c）砂岩颗粒中的热裂缝，裂缝被同时从热液中沉淀生成的黄铁矿充填，塔中45井，志留系（S），5898.7m，反射光；（d）石英与萤石共生，塔中45井，上奥陶统良里塔格组（O_3l），6101.2m，单偏光；（e）闪锌矿、绿泥石与方解石共生，塔中12井，下奥陶统（O_1），5217.0m，岩心照片；（f）菱铁矿与重晶石、黄铁矿共生，塔中4井，下奥陶统（O_1），3609.96m，扫描电子显微镜照片

图3-6　塔里木盆地塔中地区热液作用的岩石学和矿物学证据［据吴茂炳等（2007）］

　　萤石-石英组合：与萤石共生的石英有两种形式，一种为微晶石英脉，另一种为分散的石英晶粒［图3-6（d）］。石英和萤石是同一热液流体中同时形成的。塔中45井上奥陶统石灰岩地层中钻遇大量萤石脉，厚达14m。萤石的形成方式有两种：以交代石灰岩的方式和以交代方解石的方式形成。前者形成的萤石多为浅灰色到褐黄色的粉晶或微晶，并与石灰岩呈渐变过渡关系，其晶间孔隙有限；后者形成的萤石多为白色到浅黄色的细晶及中-粗晶，晶体形态为半自形到自形，其晶间缝洞发育，改善了岩石的储集性能，常被原油充填呈褐黄色。萤石中氟和钙的理论含量分别为48.72%和51.28%，氟与钙的原子比（F/Ca）为2；而实测的氟含量为46.51%～47.71%，低于其理论含量；钙含量51.75%～53.29%，高于其理论含量。氟与钙的原子比（F/Ca）为1.84～1.94，也低于其理论比值2。萤石组成特征表明热液流体中氟的含量相对较低，在交代方解石过程中氟处于亏损状态，致使方解石不能被完全交代，部分残留在萤石中。

　　（a）不规则溶蚀孔洞边缘萤石交代，孔洞壁粒状方解石生长，中央为石英充填，正交光；（b）不规则溶蚀孔洞中鞍状白云石生长，具波状消光，正交光；（c）构造裂缝内异形方解石充填，具有溶蚀作用特征，溶蚀孔隙被干净方解石沉淀充填，单偏光；（d）不规则缝洞内异形方解石充填，局部具溶蚀孔洞，单偏光；（e）构造裂缝内异形方解石及碳酸盐岩泥充填，含重晶石及硬石膏等热液矿物交代，正交光；（f）缝洞内异形方解石充填，局部溶蚀形成溶蚀孔洞，后有干净亮晶方解石沉淀，具溶孔，单偏光；（g）硅化作用形成的硅质岩中溶蚀孔隙发育，富含长柱状石英晶体，正交光；（h）高角度构造裂缝中方解石沿缝壁部分分填，受热液溶蚀改造，单偏光；（i）阴极射线下图（h）中溶蚀孔洞边缘方解石呈明亮橘红色，阴极发光

图3-7　塔里木盆地塔河地区奥陶系热液矿物微观特征［据陈兰朴等（2017），有修改］

　　闪锌矿-绿泥石-方解石组合：在塔中 12 井 5217.0m 处见少量的半自形-自形的红棕色闪锌矿。闪锌矿晶体产于充填在裂缝中的方解石脉中，方解石脉上下一段几十米厚的石灰岩中可见大量的条带状绿泥石，呈鳞片状、以集合体的形式分布在断裂面上或方解石脉中，并且在方解石脉中也夹杂着一些几毫米大小鳞片状灰绿色或深绿色的绿泥石，这种类型的绿泥石为结晶形态完好的自形晶体，是从热液中直接沉淀出来的 [图 3-6（e）]。

　　重晶石-石英-菱铁矿-黄铁矿组合：重晶石产于塔中 4 井 3609.96m 处的岩心上，薄片上观察呈束状，沿长轴方向上一组解理极其发育。与重晶石伴生的矿物还有菱铁矿和黄铁矿 [图 3-6（f）]。薄片下观察，菱铁矿有两组正交解理，不充分发育，石英呈自形或半自形粒状散布在石灰岩基质中。

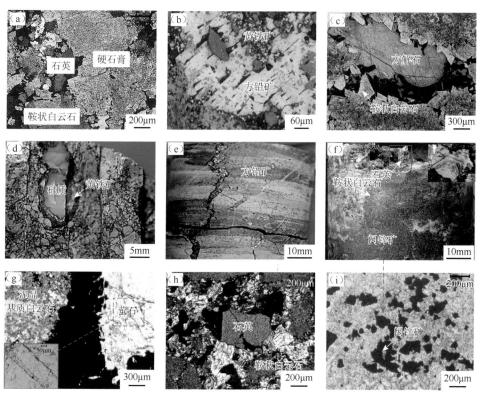

　　（a）MVT 型热液矿物组合：硬石膏（Anh）-石英（Qtz）-鞍状白云石（SD），GS1 井，4956.3m（+）；（b）热液矿物充填溶孔，可见热液矿物组合：黄铁矿（Py）-方铅矿（Gn），反射光下方铅矿具有特殊的三角状黑色微孔，MX9 井，5444.55m 反射光；（c）溶孔内充填有方解石（Cal），可见孔壁上的鞍状白云石，方解石被染色后呈淡红色，GS1 井，4956.49m（−）；（d）硅质和黄铁矿充填溶洞，两者接触关系表明，硅质充填发生在黄铁矿之后，MX39 井，5309.31m；（e）高角度构造缝内充填方铅矿，MX51 井，5385.01m；（f）热液矿物组合：鞍状白云石-石英-闪锌矿（Sp），此类石英显微镜下（右下角）可见晶面间具有环带状生长结构，说明石英结晶速度较快，GS102 井，5043.93m；（g）热液矿物萤石（Fl），萤石局部特写（左下角）可见萤石晶体内部独特的串珠状排列的包裹体，MX51 井，5383.48m（−）；（h）热液矿物充填溶孔，可见热液矿物组合：鞍状白云石（SD）-石英（Qtz）-黄铁矿（Py），石英干涉色呈灰白色，黄铁矿全消光，GS16 井，5471.29m（+）；（i）分散状闪锌矿（Sp），呈褐红色，GS102 井，5110.07m（−）

图 3-8　四川盆地高石梯-磨溪地区震旦系灯影组热液矿物组合特征

　　四川盆地震旦系灯影组基质白云岩（MD）中，热液矿物主要充填在孔洞或裂缝中，MVT 型热液矿物组合主要有鞍状白云石-石英-硬石膏、鞍状白云石-黄铁矿-石英、鞍状白云石-方铅矿-萤石、鞍状白云石-石英-闪锌矿等（图3-8）。而四川盆地二叠系长兴组-三叠系飞仙关组热液矿物组合主要为萤石-石英和鞍状白云石-黄铁矿，其中，黄铁矿主要赋存于中晶级鞍状白云石中，反射光下呈亮黄色 [图 3-9（c）]；萤石晶体呈立方体状，正交光下全消光 [图 3-9（f）]；石英自形程度高，但由于包裹体片厚度大于普通薄片，因此正交光下干涉色鲜艳 [图 3-9（f）]。

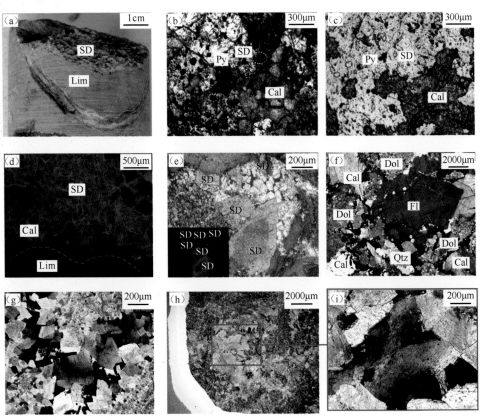

　　（a）灰色泥晶灰岩（Lim）发育高角度构造缝，缝内充填乳白色鞍状白云石，晶体呈齿状弯曲（SD），LH1 井，飞仙关组，3611.07~3611.17m；（b）正交光下，中晶级鞍状白云石波状消光，交代方解石基质（Cal），LH1 井，飞仙关组，3611.12m（+）；（c）反射光下，中晶级鞍状白云石（SD）内部赋存的粒状黄铁矿（Py）呈亮黄色（如黄色圆圈所示），LH1 井，飞仙关组，3611.12m（反射光）；（d）阴极射线下，"流云状"鞍状白云石（SD）光亮发光，方解石充填物（Cal）和泥晶灰岩（Lim）则不发光，LH1 井，飞仙关组，3612m（CL）；（e）中晶级鞍状白云石（SD）充填于生物礁灰岩格架孔中，具"雾心亮边"结构，阴极射线下环带结构明显，TS5 井，长兴组，3157.64m（−）；（f）残余生屑云岩中的溶洞内充填方解石、沥青、热液矿物组合 [石英（Qtz）-萤石（Fl）]，由于样品为包裹体片，正交光下萤石（Fl）全消光，石英（Qtz）则干涉色较为鲜艳，LH002-X2 井，长兴组，第 3905.98m（+）；（g）交代型鞍状白云石波状消光，晶间孔极发育，孔径约 100~150μm，被沥青完全充填，TS5 井，长兴组，3080.93m（+）；（h）残余生屑云岩，晶间孔、晶间溶孔发育较好，QL8 井，长兴组，第 103 块（−）；（i）图 h 的局部放大，鞍状白云石呈波状消光，晶体可达 500~600μm，晶间孔极发育，QL8 井，长兴组，第 103 块（+）

图 3-9　四川盆地二叠系长兴组-三叠系飞仙关组热液矿物组合特征

　　四川盆地二叠系栖霞组-茅口组中也有发育典型的热液流体改造活动，目前在盆地中部和盆地西北部均已得到证实，对储渗空间的形成具有重要意义。在栖霞组-茅口组岩心和镜下薄片中可观察到的热液矿物组合主要为鞍状白云石（SD）-萤石（Fl）-天青石（Cls），其中鞍状白云石晶体巨大，岩心和镜下均呈马鞍状弯曲，充填在热液溶洞或膨胀角砾之间，正交光下呈典型波状消光，单偏光和阴极射线下都可以观察到环带结构。萤石（Fl）和天青石（Cls）与鞍状白云石产状类似，也主要以充填物的形式产出，前者单偏光下呈暗黄色，而后者正交光下呈天蓝色（图3-10）。

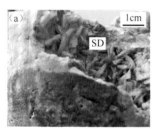
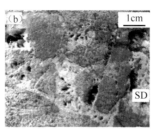

鞍状白云石(SD)，晶面呈马鞍状弯曲，MX147井，栖霞组，4601m

膨胀角砾结构，鞍状白云石（SD）半充填于角砾间，MX117井，栖霞组，4601m

鞍状白云石，晶面呈明显弯曲，晶体大小超过500μm，GT2井，茅口组，1790m

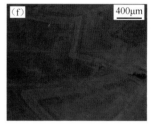

鞍状白云石，正交偏光下呈波状消光，GT2井，茅口组，4790m

鞍状白云石，环带结构明显，GT2井，茅口组，4703.03m

鞍状白云石，阴极射线下，环带结构明显，GT2井，茅口组，4703.03m

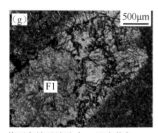
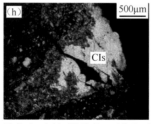
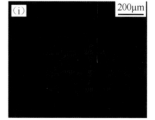

萤石充填于溶孔内，呈暗黄色，GT2井，茅口组，4795m（-）

天青石，充填于溶孔内，正交光下呈暗黄色，GT2井，茅口组，4795m（+）

萤石（Fl），交代腕足生物碎屑，阴极射线下呈现蓝光，GT2井，茅口组，1791m

图3-10　四川盆地二叠系栖霞组-茅口组热液矿物组合特征

二、斑马状结构

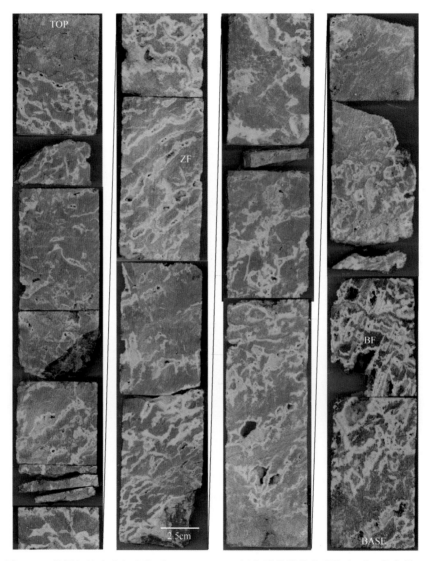

图 3-11　美国纽约中南部奥陶系 Trenton-black 组斑马状结构和膨胀角砾（蜂窝状）
结构（BF）［据 Smith（2006）］

斑马状结构（zebra-like fabrics，ZF）一般发育于低渗的泥晶石灰岩中，是在异常高压条件下，由于突增的孔隙流体压力不能及时释放，从而发生水力压裂而形成。表现为灰白色的鞍状白云石细脉，大致顺层方向密集地分布在暗色的泥晶石灰岩中（图 3-11）。然而，在致密低渗的泥晶白云岩中也可见到斑马状结构，例如四川盆地震旦系灯影组。Davies 等（2006）认为这种斑马状结构多存在于构造热液活动白云岩中，形成于流体压力急剧增加而产生的雁列式裂隙，裂隙被鞍状白云石充填或半充填形成白色条纹，与细微晶白云石条纹间互而形成斑马状结构，因而斑马状结构成为热液白云岩的标志之一。

三、膨胀角砾结构

膨胀角砾结构（BF）形成机理与斑马状结构相同，但形成的角砾明显较前者大得多，一般呈棱角状，角砾成分一般为低渗透性基质石灰岩或白云岩，呈棱角状"飘浮"在鞍状白云石充填物之间，通常具有可以"拼接成一体"的效果（图 3-12）。水力压裂作用对于储渗空间的形成都是有利的，但其形成后大多被鞍状白云石所充填。未被完全充填的角砾间保留有残余砾间孔（或洞）。

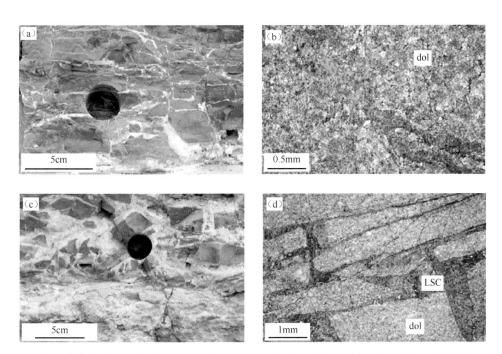

（a）破碎的热液成因角砾，角砾间被后期方解石（LSC）充填；（b）后期方解石（LSC）充填于白云岩角砾（dol）之间；（c）热液成因角砾翻转，角砾之间被后期方解石充填；（d）热液成因白云岩角砾（dol）和角砾间方解石充填物（LSC）微观特征

图 3-12　美国 Mississippian Madison 组热液成因角砾特征［据 Katz 等（2006）］

研究者们认为斑马状结构和膨胀角砾结构成因可归结为水力破裂作用。Phillips（1972）指出，许多热液矿床均与通常存在大面积角砾岩化的正断层伴生，

且越靠近断层出现频率越高。为了了解这种水力压裂作用的形成机理，Phillips
（1972）强调了差异应力场内压力升高时孔隙流体的力学效应。应力差（$\sigma_1-\sigma_3$）
的增大会导致正断层的发育。孔隙流体在压力大于围岩孔隙流体压力（P_f）的断
层带中的积聚会通过水力破裂作用而导致断层的扩展。断层受剪切破裂时 P_r 的急
剧下降会引起"岩石的爆裂，而流体在高压下早已渗入此处，因此可以形成棱角
状角砾"（Phillips，1972）。虽然应力差已经下降，但断层仍可以因水力破裂作用而
扩展，前提是断层带的流体 P_f 值要越来越大于围岩流体的 P_r。随着这个过程的发展，
断层前端每个幕式扩展部分的倾角是逐渐增加的（图 3-14），到最后破裂作用会发展
成垂直角砾岩带（Phillips，1972）。

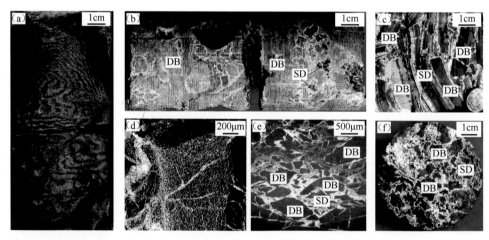

（a）斑马状结构，GS111 井，5324.02～5302.17m；（b）膨胀角砾结构（DB），MX51 井，5334.4m；（c）膨胀角
砾结构（DB），GS20 井，5182.48m；（d）斑马状结构（ZF），GS20 井，5185.38～5185.58m，单偏光；（e）膨胀
角砾结构（DB），MX39 井，5309.2m，单偏光；（f）膨胀角砾结构（DB），GS1 井，4972.7m。

图 3-13   四川盆地震旦系灯影组斑马状结构和膨胀角砾结构

然而，Morrow（2014）通过研究加拿大北部热液白云岩典型露头，提出部分
斑马状结构的成因与膨胀角砾结构有所区别，更倾向于前者是一种被充填的溶蚀
组构。包含斑马状和膨胀角砾结构的热液白云岩不止局限在断裂发育区或断裂附
近，热液白云岩体可能在石灰岩地层中的任何地方发育，例如石灰岩地层中孔隙
和渗透率相对较高的部位遭遇屏障（如页岩地层），可能导致白云石化卤水流优先
通过相邻的石灰岩地层集中。

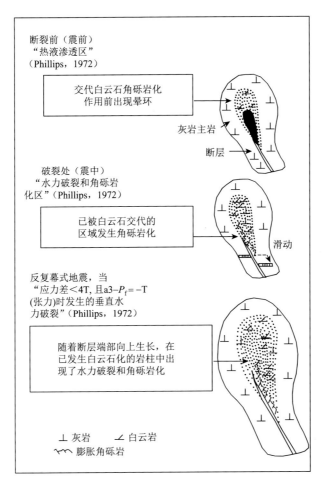

图 3-14 热液流体活动中水力压裂作用和热液角砾岩化模型
［据 Phillipes（1972）；Davies 等（2006）］

注：幕式活动拉张断层扩展端的热液溶解渗透区，该区可能是破裂前热液基质白云石化的发生地点。白云石化的侧向扩展可能反映了断层破裂范围和主岩的渗透性，在这个阶段式作用过程中，已发生白云石化的主岩中可以出现断层活化的角砾岩化，断层破裂处孔隙流体压力的急剧下降可导致水力破裂、角砾化和鞍状白云石胶结物的快速沉淀。

第二节　热液改造活动地球化学证据

一、流体包裹体证据

流体包裹体是对成岩环境中成岩流体的直接记录，其均一化温度（T_h）可以反映包括鞍状白云石在内的热液矿物组合的结晶温度。热液流体的定义决定了其所形成的不同岩石组构所对应的成岩温度，相比所在地层的正常地层温度，要高至少 5℃，这也是地热异常存在的最直观证据。对四川盆地典型热液流体活动中形成的不同岩石组构流体包裹体均一化温度表明，其远高于正常地层温度，震旦系灯影组鞍状白云石中流体包裹体均一化温度分布范围为 140～230℃（平均值 192℃），细—中晶白云石中流体包裹体均一化温度分布范围为101～152℃，热液石英中流体包裹体均一化温度分布范围为 196～230℃（图 3-15），远高于灯影组正常的地层温度（图 3-16）；二叠系茅口组鞍状白云石均一化温度分布范围为 73～146℃，平均值为 115℃，主要分布区间为 110～130℃；栖霞组鞍状白云石均一化温度分布范围为 98～143℃，平均值为 123℃，主要分布区间为 120～140℃（图 3-17）。

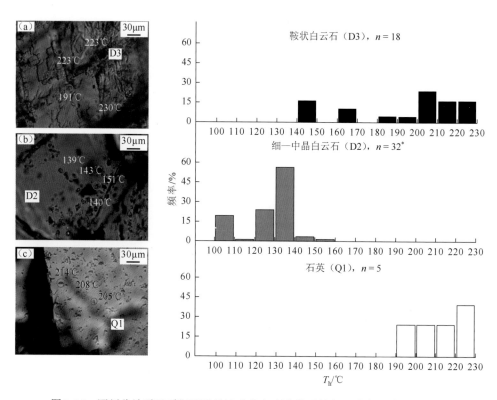

图 3-15　四川盆地震旦系灯影组热液矿物包裹体微观特征及流体包裹体均一化
温度分布直方图

注：*数据引自 Feng 等（2017）。

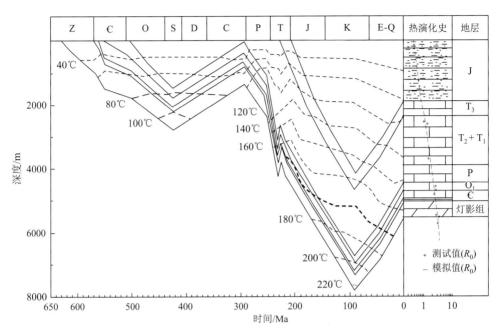

图 3-16 四川盆地高石梯-磨溪地区埋藏史曲线图（基于 GK1 井）[据 Liu 等（2013），有修改]

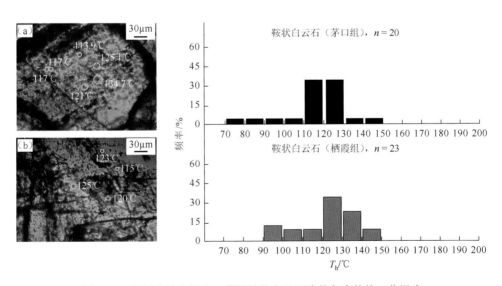

图 3-17 四川盆地中部中二叠统鞍状白云石流体包裹体均一化温度

从全球不同地区不同时代的鞍状白云石气液两相流体包裹体均一化温度（T_h）来看，温度变化范围在 80～220℃，但大多数为 100～190℃，均高于所在地层正常的地层温度（图 3-18）。鞍状白云石的另一个特征是，按照最终熔化温度（T_m）计算得出的流体包裹体的含盐度通常是现代海水的 3～8 倍（图 3-19）。热液白云石化的任何机理都必须能够解释存在大量高盐度流体（盐水）的原因。

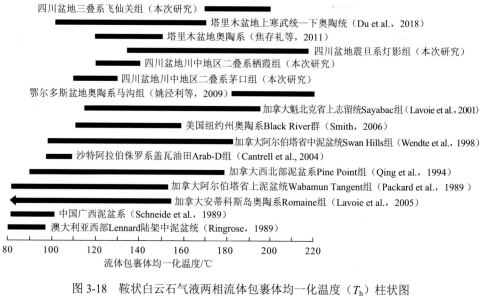

图 3-18　鞍状白云石气液两相流体包裹体均一化温度（T_h）柱状图
［据 Davies 等（2006），有修改］

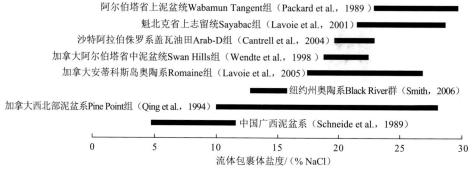

图 3-19　鞍状白云石气液两相流体盐度柱状图［据 Davies 等（2006），有修改］

　　根据流体包裹体共结温度（T_e）计算的盐水组分通常显示为 $MgCl_2$-$CaCl_2$-NaCl-H_2O 型流体（Davies et al.，2006）。这种流体可归属于蒸发后来源，且或多或少受到过海水或淡水的改造以及与基底或硅质碎屑岩的相互作用（Aulstead et al.，1985）。

二、同位素、微量元素证据

相比于正常海水背景值或正常海水沉积形成的海相石灰岩，热液流体改造活动所形成的岩石组构中较重的 ^{18}O 同位素明显减少，例如四川盆地震旦系灯影组沉积期海水的 $\delta^{13}C$ 值为 4‰～6‰，$\delta^{18}O$ 值为 0.50‰（取陡山沱组沉积期最偏正的值），也有人认为新元古代海水的 $\delta^{13}C$ 值为 4.43‰，$\delta^{18}O$ 值为 0.62‰（Yang et al.，1999；黄志诚等，1999），而细-中晶白云岩 $\delta^{18}O$ 平均值为-9.13‰，鞍状白云石 $\delta^{18}O$ 平均值-11.00‰（表 3-2）。造成细-中晶白云岩和鞍状白云石中 ^{18}O 同位素减少的主要原因是鞍状白云石在热液流体中结晶过程、泥晶白云岩在热液流体中的重结晶过程均发生了热力分馏作用（图 3-20）。

表 3-2　四川盆地高石梯-磨溪地区灯影组不同岩石组构类型微量元素及同位素特征

样品信息					稳定同位素		微量元素		放射同位素
样号	井号	层位	深度/m	组构类型	$\delta^{13}C$/‰	$\delta^{18}O$/‰	Fe（10^{-6}）	Mn（10^{-6}）	$^{87}Sr/^{86}Sr$
1	GS1	灯四段	4984.7	D1	0.86*	-4.28*	152	88	
2	GS1	灯四段	4985	D1	1.93*	-3.63*	72	109	0.7097*
3	GS1	灯四段	4972.7	D1			70	841	
4	MX9	灯四段	5042.6	D1			59	171	
5	MX9	灯四段	5433.2	D1			18	80	0.7089
6	MX39	灯四段	5303.5	D1	-0.46	-5.37	18	160	0.7089
7	MX39	灯四段	5303.7	D1	1.99	0.89	43	314	0.7094
8	MX39	灯四段	5302.9	D1	0.19	-1.95	135	160	0.7097
9	GS16	灯四段	5450.3	D2	-1.93	-13.84	371	930	
10	GS16	灯四段	5450.6	D2	-0.43	-13.69	—	601	
11	GS1	灯四段	4972.1	D2			232	670	
12	GS1	灯四段	4974.6	D2			216	363	
13	GS1	灯四段	4970.4	D2	1.34*	-7.98*	821*	654*	0.7103*
14	MX9	灯二段	5318.2	D2	0.13*	-5.38*	501*	134*	0.7106*
15	MX9	灯四段	5431.2	D2	0.45*	-9.63*	139*	196*	0.7105*
16	MX119	灯四段	4967.1	D2	-0.17*	-7.19*	320*	640*	0.7106*
17	MX39	灯四段	5286.2	D2	0.48	-6.56	385	156	
18	MX51	灯四段	5332.6	D2	0.84	-12	1946	1707	
19	MX51	灯四段	5391.2	D2	0.84	-5.92	373	301	
20	GS7	灯四段	5346.1	D3	-0.31	-14.6	911	579	
21	GS7	灯四段	5346	D3	0.51	-12.24	750	852	0.7114*

续表

样品信息					稳定同位素		微量元素		放射同位素
样号	井号	层位	深度/m	组构类型	$\delta^{13}C/‰$	$\delta^{18}O/‰$	Fe（10^{-6}）	Mn（10^{-6}）	$^{87}Sr/^{86}Sr$
22	GS6	灯四段	5383.7	D3			1882	736	
23	MX9	灯四段	5440.2	D3			351	758	0.7117[*]
24	GS1	灯四段	4956.3	D3	0.59[*]	−9.85[*]			0.7114[*]
25	GS1	灯四段	4656.3	D3	−0.52[*]	−9.75[*]			0.7128[*]
26	GS1	灯四段	4967.5	D3	2.94[*]	−6.8[*]	1932[*]	855[*]	0.711[*]
27	GS1	灯四段	4971	D3	0.67[*]	−12.34[*]	2457[*]	976[*]	0.7122[*]
28	GS1	灯四段	4974.1	D3	−2.16	−11.43	2438	823	0.7132

注：D1 为泥晶白云石，D2 为细-中晶白云石，D3 为鞍状白云石，*数据引自 Feng 等（2017）。

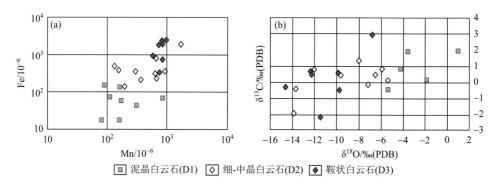

图 3-20　四川盆地高石梯-磨溪地区灯影组不同岩石组构类型 Fe-Mn 元素含量交会图（a）和 $\delta^{13}C$-$\delta^{18}O$ 值交会图（b）

与推断的同时代海水（或正常海水形成的海相石灰岩）的锶同位素组成相比，全球大多数鞍状白云石或热液重结晶作用形成的细-中晶白云岩普遍富集了放射性锶（以 $^{87}Sr/^{86}Sr$ 表示）（Veizer，1989；Jones et al.，2001；蒋裕强等，2018）。鞍状白云石（和交代白云石、重结晶白云石）中放射性锶（^{87}Sr）的富集与两种机理有关，一种是源头流体与含有泥质和/或长石的硅质碎屑沉积物发生作用，另一种是与基底发生作用。

三、稀土元素证据

稀土元素独特的地球化学特性使其记载了成岩流体以及成岩环境的信息，是了解成岩流体及成因的重要窗口（李小宁等，2016），不同来源的流体具有截然不同的稀土元素配分特征（胡文瑄等，2010）。通常，受热液流体改造形成的岩石组构或直接从热液流体中沉淀形成的矿物 REE 整体含量降低，呈现显著的 Eu 正异常，HREE

相对 LREE 富集，REE 配分曲线起伏不平。相比于新元古代海相灰岩（表 3-3 和表 3-4），所有样品 Ce 均出现不同程度的正异常（图 3-21），但细-中晶白云岩（D2）REE 配分曲线后半部分波动较大，与鞍状白云石（D3）配分曲线特征相似，表现出显著的 Eu 正异常，显示出受热液改造的特征（图 3-21），即热液流体与泥晶云岩（D1）配分曲线特征相似，由于 Eu^{2+} 与 Ca^{2+} 具有相同的电价和相似的离子半径，Eu^{2+} 会取代白云石中的 Ca^{2+}，从而导致所形成的的细-中晶云岩中出现显著的 Eu 正异常。

表 3-3　四川盆地高石梯-磨溪地区震旦系灯影组不同岩石组构类型稀土元素特征

样号	井号	深度/m	组构类型	La	Ce	Pr	Nd	Sm	Eu	Gd	Tb	Dy	Ho
1	MX9	5433.4	D1	1.33	1.51	0.21	0.75	0.12	0.05	0.16	0.02	0.20	0.05
2	GT2	6264.5	D1	0.83	1.22	0.19	0.76	0.13	0.04	0.12	0.01	0.11	0.03
3	GT2	6266.7	D1	1.79	2.98	0.41	1.67	0.39	0.09	0.29	0.06	0.25	0.05
4	MX39	5303.7	D1	0.21	0.28	0.05	0.31	0.08	0.03	0.03	0.01	0.03	0.01
5	MX9	5433.5	D1	1.52	1.41	0.19	0.87	0.15	0.04	0.17	0.03	0.20	0.04
6	GT2	6267.7	D1	1.83	2.61	0.38	1.41	0.32	0.09	0.24	0.04	0.20	0.04
7	MX39	5266.3	D2	0.18	0.17	0.03	0.22	0.11	0.05	0.05	0.01	0.05	0.01
8	MX39	5272.6	D2	0.77	0.71	0.15	0.96	0.17	0.03	0.22	0.03	0.22	0.05
9	MX39	5302.9	D2	0.21	0.31	0.04	0.32	0.06	0.02	0.03	—	0.03	0.01
10	GS16	5450.2	D2	0.75	0.88	0.26	1.69	0.27	0.02	0.20	0.04	0.26	0.05
11	GT2	6030.8	D3	0.45	0.66	0.07	0.26	0.09	0.61	0.07	0.02	0.04	—
12	GS7	5346.1	D3	1.22	2.70	0.61	2.91	0.79	0.22	0.61	0.11	0.66	0.15
13	GS7	5346.2	D3	1.64	3.55	0.85	4.53	0.90	0.16	0.76	0.14	0.82	0.17
14	GS16	5451.2	D3	0.57	0.81	0.11	0.52	1.22	0.67	0.07	0.01	0.05	0.01

表 3-4　四川盆地高石梯-磨溪地区震旦系灯影组不同岩石组构类型稀土元素特征

样号	井号	深度/m	组构类型	Er	Tm	Yb	Lu	Y	ΣREE+Y	(Nd/Yb)$_{SN}$	δCe	δEu	δGd
1	MX9	5433.4	D1	0.15	—	0.17	0.03	3.17	7.92	1.55	4.86	1.74	1.10
2	GT2	6264.5	D1	0.06	0.01	0.05	0.01	0.92	4.49	5.33	5.09	1.48	1.10
3	GT2	6266.7	D1	0.16	—	0.13	—	1.75	10.02	4.51	5.77	0.98	0.64
4	MX39	5303.7	D1	0.02	—	0.01	—	0.23	1.28	11.40	4.51	1.75	0.42
5	MX9	5433.5	D1	0.14	0.03	0.16	0.03	3.17	8.15	1.88	4.40	1.04	0.82
6	GT2	6267.7	D1	0.12	0.02	0.10	0.01	1.53	8.94	4.95	5.24	1.25	0.72
7	MX39	5266.3	D2	0.03	0.01	0.02	—	0.96	1.90	4.57	3.72	2.13	0.58
8	MX39	5272.6	D2	0.14	0.02	0.06	0.01	2.70	6.23	5.39	3.51	0.75	1.00
9	MX39	5302.9	D2	0.02	—	0.01	—	0.23	1.30	10.88	4.92	2.17	0.90
10	GS16	5450.2	D2	0.12	0.02	0.08	0.01	2.05	6.73	7.08	3.04	0.74	0.67
11	GT2	6030.8	D3	0.03	—	0.02	—	0.40	2.73	4.56	6.33	26.10	0.54
12	GS7	5346.1	D3	0.41	0.06	0.34	0.05	4.75	15.60	4.27	4.43	1.21	0.70
13	GS7	5346.2	D3	0.47	0.07	0.37	0.05	6.85	21.30	3.00	4.23	0.73	0.74
14	GS16	5451.2	D3	0.03	—	0.02	—	0.39	4.48	8.52	5.46	2.98	0.10

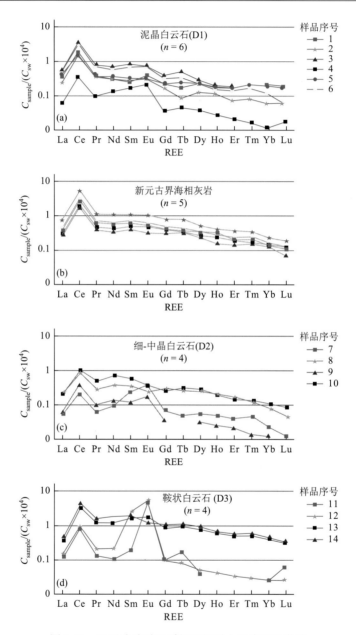

图 3-21　四川盆地震旦系灯影组稀土元素配分曲线

注：*数据引自孙林华等（2010）；陈松等（2011）。

第四章 碳酸盐岩热液改造作用机理

第一节 热液改造活动发育模式

前人对热液流体改造活动的研究提出了岩石学、地球化学判识依据：密西西比河谷型（MVT）矿物组合（Cantrell et al.，2004；Kostecka，1995）、斑马状结构（Morrow，2014）、膨胀角砾结构（Tarasewicz et al.，2005；Katz et al.，2006）等岩石学依据和 Eu 正偏移、Fe-Mn 富集、$\delta^{18}O$ 负偏移、$^{87}Sr/^{86}Sr$ 正异常等地球化学依据（胡文瑄等，2010；Tarasewicz et al.，2005；李国蓉等，2014）；开展了热液溶蚀（Duggan et al.，2001；Middleton et al.，1993）、热液角砾化（Malone et al.，1996）、热液白云化（Hips et al.，2016）、热液矿物充填（Lavoie et al.，2010）等改造方式研究；建立了"张性走滑断控型"（Nurkhanuly et al.，2014）、"逆冲构造挤压型"（Qing et al.，1992）、"火山活动诱发型"（Cervato，1990）等热液活动发育模式。现阶段普遍认为，热液改造有利于形成石灰岩中的储渗空间，尤以热液白云石化作用、热液溶蚀作用的贡献最大。

最常见的热液流体改造活动发育在拉张性或伸展断层的下盘，热液流体沿断层下盘对石灰岩进行交代、溶蚀作用，例如加拿大魁北克地区的志留系 Sayabec 组中，伸展断层和局部塌陷所诱发的构造热液活动被重新活化，高温富钙流体携带着来自下伏超镁铁质岩石的镁离子，沿上述断层呈脉冲式向上运移，对周围碳酸盐岩产生水力压裂作用，随着热液流体溶蚀作用的进行，在开放的溶洞中，鞍状白云石沿洞壁沉淀，对已经形成的溶洞进行部分充填（图 4-1），这种发育模式在北美具有普遍性（李荣等，2008）。

除了围岩岩性具有差异性外，四川盆地灯影组热液活动发育模式从机理上讲，与 Sayabec 组非常相似，晚震旦世至早寒武世的"兴凯地裂运动"和中泥盆世至中三叠世的"峨眉地裂运动"均以拉张性基底断裂作用为主（图 4-2，图 4-3），热液流体沿这些伸展断层向上对灯影组白云岩进行一系列成岩改造作用（Gu et al.，2019）。

不同于上述发育模式，塔里木盆地热液活动往往直接与火山活动有关。塔河油田西北侧东河塘油田东河 12 和东河 22 井区在上寒武统—下奥陶统钻遇一套伊丁石化橄榄玄武岩（陈汉林等，1997），K-Ar 年龄测定为（488.5±9.3）Ma，员海朋（2003）认为其是板内裂陷岩浆活动的产物，而且岩浆源区物质组成明显受到了俯冲洋壳的混染和影响。寒武纪—早奥陶世塔里木板块处于拉张环境（周肖贝等，2012），在塔河东部多发育切穿寒武系的正断层或在上寒武统变形明显的小型地堑（如于奇 6 井区），而下奥陶统蓬莱坝组不受影响，表明寒武纪末期拉张活动剧烈。轮台断裂在寒武纪末期可能开启，造成以裂隙式的玄武岩喷发。同时，在轮台断裂两侧，沿切穿基底的正断层发生了裂隙式同源异相的辉绿岩侵位，形成了肖尔布拉克组内部侵入岩体。

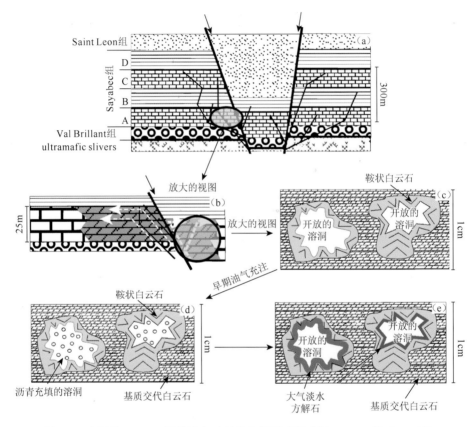

图 4-1　志留系 Sayabec 组热液白云石化作用模式图［据 Lavoies 等（2004）］

　　寒武纪末期，来自深部的岩浆体系沿切穿基底的正断层进入肖尔布拉克组，形成侵入岩体，同时带来了大量的热液流体，在上覆吾松格尔组泥质白云岩、泥岩弱透水层的作用下，热液流体沿正断层、不整合而对前期形成的白云岩滩相储集体进行淋滤改造，形成分布范围较广的热液淋滤白云岩储层。随着热液溶蚀作用的加强，规模较大的侵入体上方形成大量白云岩孔隙和溶蚀孔洞，形成分布范围相对局限的构造控制热液白云岩储层。而且，在上覆地层压力的作用下，热液白云岩储层发生了角砾化和塌陷作用（图 4-4），形成了凹陷结构，这种凹陷成因称之为热液岩溶作用（Davies，2006）。塔河地区由于热液溶蚀作用强烈，白云岩储层发育，岩石骨架不足以支撑上覆地层压力而发生塌陷形成凹陷，且凹陷呈点状分布，受规模较大的侵入岩体控制，平面分布与轮台断裂走向一致。

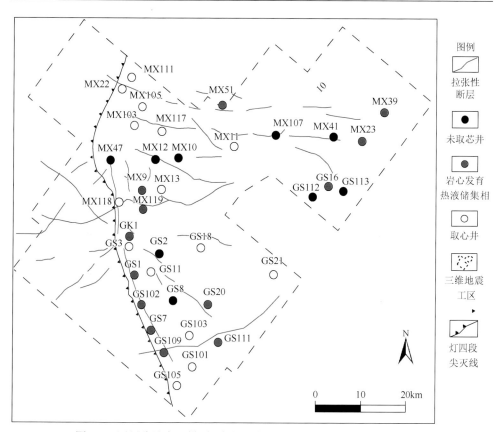

图 4-2 四川盆地高石梯-磨溪地区震旦系灯影组拉张性断层平面分布

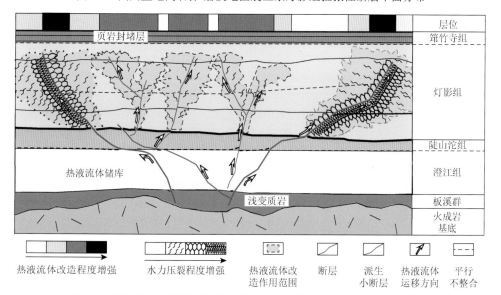

图 4-3 四川盆地高石梯-磨溪地区震旦系灯影组热液改造活动发育模式

　　拉张环境下的同沉积断层同样可以构成热液活动改造模式，以匈牙利 Buda 山的下三叠统拉张盆地为例，同沉积正断层带的活化，有利于白云石化流体的运移，即白云石化流体沿着控制盆地伸展和沉降的同沉积正断层排出。流体内的热梯度是驱动流体循环的主要动力。该流体在到达半固结的斜坡和盆地沉积物时可能是热液，但与海相孔隙流体混合后逐渐冷却（图4-5）。

　　虽然目前大部分研究认为热液白云岩优选张扭性断裂或深部走滑断裂带发育（Lavoie et al.，2004；Davies et al.，2006），但是挤压构造背景下的热液白云石化同样值得重视（Qing et al.，1992）；如 Ronchi 等（2012）对意大利威尼斯南部侏罗系碳酸盐岩中热液白云石化作用的研究时发现，热液活动可以发生在冲断带附近，热液流体的运动与构造挤压形成的刮板流（tectonic squeegee）有关（图4-6）。因此，热液白云岩可能不仅仅局限于张扭性的构造环境中，汇聚背景下同样可以有热液白云岩发育（图4-7）。

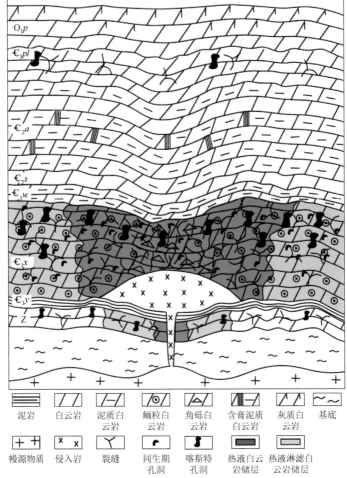

图 4-4　塔里木盆地塔河油田肖尔布拉克组热液白云岩储层发育模式［据邵小明等（2017）］

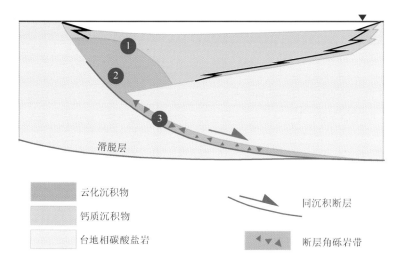

图 4-5 匈牙利下三叠统拉张盆地热液白云石化发育模式［据 Hips 等（2016）］

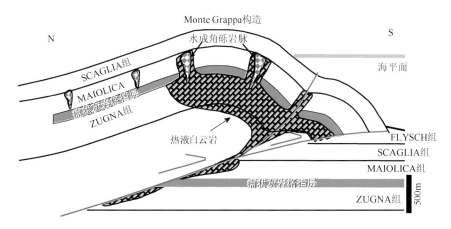

图 4-6 意大利威尼斯南部阿尔卑斯山脉侏罗系与挤压构造有关的热液白云石化作用模式图
［据 Ronch 等（2012）］

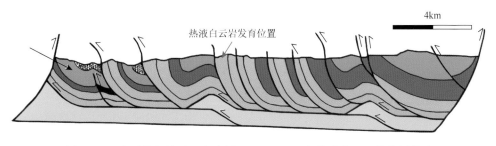

图 4-7 西班牙北部地区下古生界 San Emiliano 组热液白云石化作用模式
［据 Lapponi 等（2013），有修改］

第二节　热液改造作用方式

一、石灰岩地层中作用方式

热液白云石化作用的具体改造方式、横向展布范围和最终形成的岩石结构通常取决于石灰岩基质的相特征，包括石灰岩的原始沉积相和成岩相特征（图4-8）。热液作用时，对岩石组构的选择性较强，优先作用于矿物相不稳定的组构，如加拿大克拉克湖 Slave Point 组热液白云岩。

（一）热液白云石化作用

以四川盆地开江-梁平海槽、武胜-石柱凹陷为典型代表的拗拉槽边缘存在的二叠系-三叠系礁滩相石灰岩，不一定就是良好储集层，还必须经白云石化形成孔隙性白云岩，方成为大气田的优质储集层。白云石化成因复杂，但构造控制热液白云石化是当前国内外许多学者认同的主因。川东北开江-梁平拗拉槽存在有地幔热流体侵入形成热液白云石化的构造背景，在华蓥山大断裂以北地区，在许多探井中钻遇玄武岩，特别是"开江-梁平"拗拉槽的南缘有大的火山岩体，它们与相伴生的北东向和北西向两组基底断裂有关。这就为热液白云石化提供一个开放系统和镁元素的参与作用，为沿海槽台地边缘的分布的礁滩气藏提供热液白云石化储集层形成的充分条件。四川盆地中部栖霞组-茅口组的滩相白云岩也是热液白云石化作用的典型实例（图4-9），在未受后期成岩作用改造前，中二叠统基质岩由泥晶生屑灰岩、泥晶灰岩、亮晶生屑灰岩构成，前两者由晶粒小于 30μm 的泥晶方解石和/或生屑组成，后者被方解石完全胶结，导致基质岩岩性致密，不具备储渗能力。针对取芯井岩心观察，结合薄片观察，认为中二叠统地层中存在 MVT 型热液矿物：鞍状白云石（SD），宏观上白云石为巨晶级，晶面具马鞍状弯曲现象，表明形成温度至少大于白云石临界粗糙温度，同时也可观察到热液活动的典型代表——膨胀角砾，鞍状白云石半充填于膨胀角砾之间［图4-9（d）］。

（二）热液角砾化作用

由于瞬间的应力断裂，导致周围压力急剧减小，低渗透性基质白云岩中孔隙流体无法释放，而产生膨胀破裂，而后又被鞍状白云石快速充填，形成膨胀角砾结构（图4-10），这种角砾特征是尖棱角状、原地产生、成分单一，角砾"漂浮"在鞍状白云石胶结物中，似乎可以"拼接"起来，而角砾孔通常被鞍状白云石完全或未完全充填，未完全充填者保留有残余角砾间洞或孔。

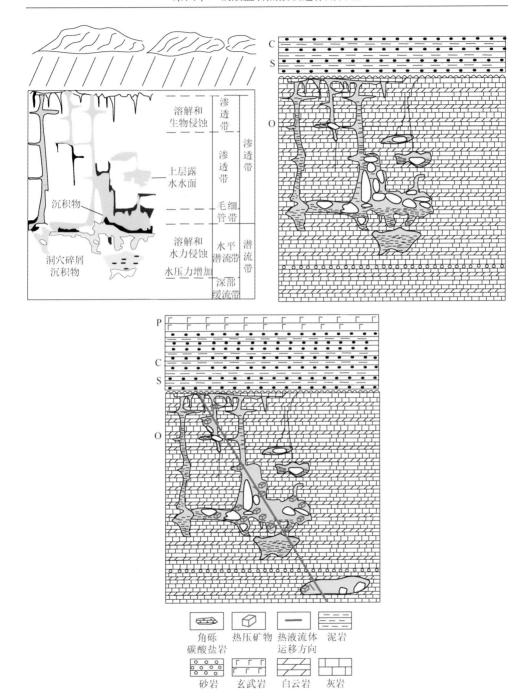

图 4-8 塔里木盆地深层碳酸盐岩储层形成与演化模式 [据杨海军等（2012）]

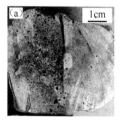
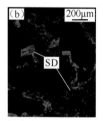
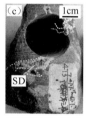
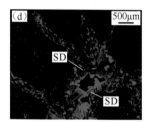

热液溶孔，面孔率约8%，GT2井，茅口组，4712m

热液溶孔，MX42井，栖霞组，653m

热液扩溶缝GT2井，茅口组，4717m

热液扩溶缝，缝内半充填鞍状白云石(SD)，MX42井，栖霞组，4653m

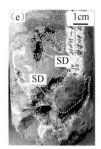
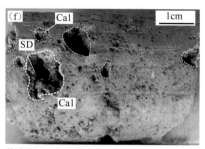
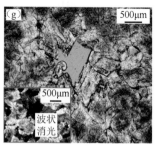

热液溶洞与热液扩溶缝，MX117井，栖霞组，4601m

热液溶洞与热液白云岩晶间孔，洞内充填鞍状白云石和后期方解石，MX117井，栖霞组，4603m

热液白云岩晶间孔，白云石呈波状消光（红框），MX42井，栖霞组，4658m（一）

图4-9　四川盆地中部地区中二叠统热液流体改造活动特征

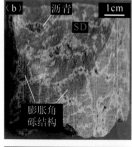
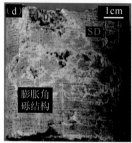

图4-10　四川盆地震旦系灯影组热液角砾化作用特征

二、白云岩地层中作用方式

　　然而与全球其他地区的热液白云石化作用不同的是，本区灯影组在经历热液白云石化作用之前，就已经形成了基质白云岩，即热液白云石化作用是在基质白云岩基础之上进行的，这类白云岩不存在矿物稳定性差异，其大多为泥晶藻云岩，孔渗性极低。因此热液白云石化流体只能以构造断裂形成的裂缝体系为主要流动通道。岩心上清晰可见的宏观裂缝和镜下可见的微裂缝在区内灯影组基质白云岩中都较为发育。这些裂缝一般成群成组的呈网状出现，这是典型的构造成因标志。裂缝宽度变化范围较大，从不到一毫米到几个毫米不等。裂缝边缘平直或呈一定角度，反映出构造应力成因特征。部分裂缝由于受热液流体溶蚀扩大，形成不规则的溶蚀边缘（图4-10），后期从热液流体中直接沉淀出的鞍状白云石或热液矿物（如方铅矿）部分或完全充填裂缝，未被完全充填的裂缝仍可以作为油气运移的有效通道，特别是在区内广泛发育的微裂缝。

　　此外，桐湾期表生岩溶作用形成的缝洞体系也可以成为热液流体的流动通道，但只在灯二段和灯四段顶部大量发育。

　　热液白云石化流体对基质白云岩的改造作用可以细分为以下三种作用方式。

（一）热液溶蚀作用与矿物充填作用

　　热液流体对基质白云岩进行的建设性改造主要表现为溶解基质白云岩后形成的大量非选择性溶蚀孔洞，其内部常见MVT型热液矿物，如粗晶鞍状白云石、石英、方铅矿、黄铁矿等（图3-8）；而热液的充填作用对储集空间的形成具有破坏性作用，主要表现为从热液流体中直接沉淀出的鞍状白云石或热液矿物，直接充填构造缝［图4-11（e）］、溶蚀孔缝及表生岩溶形成的储渗空间，以中-粗晶鞍状白云石（SD）的充填作用为主，对孔、洞、缝完全或未完全充填，未完全充填的孔、洞、缝中仍保留有残余晶间孔（residual intercrystalline pore，RIP），仍是有效的储集空间；两种成岩作用既可以呈现共生关系，也可以独立存在。从接触关系上看，热液溶蚀作用略早于热液矿物充填作用，在镜下和岩心上都可以观察到两种成岩作用的基本特征。根据岩相学观察，依照接触关系（图4-12），认为四川盆地震旦系灯影组中典型的热液矿物存在一定的结晶次序，即：石英、萤石、黄铁矿、方铅矿、闪锌矿。

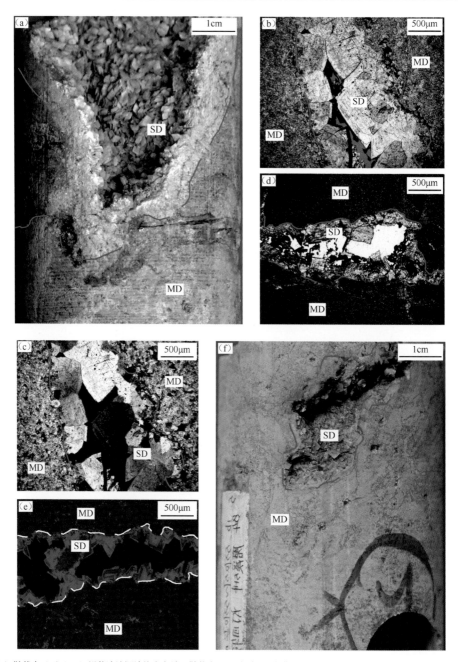

（a）鞍状白云石（SD）沿热液溶洞边缘半充填，鞍状白云石晶面明显弯曲，GS20 井，5195.7m；（b）沿热液溶孔边缘半充填的鞍状白云石晶面呈明显弯曲，GS6 井，5035m，单偏光；（c）正交偏光下，鞍状白云石具有典型波状消光，GS6井，5035m，正交光；（d）泥晶白云岩（基质白云岩）中发育热液溶孔，沿热液溶孔边缘半充填鞍状白云石，晶体大小约 300～500μm，GS1 井，4970m，单偏光；（e）阴极射线下，沿热液溶孔边缘半充填的鞍状白云石呈光亮发光，环带结构明显，GS1 井，4972m，阴极发光；（f）Vug-filling saddle dolomite，MX51 井，5370.5m

图 4-11　四川盆地高石梯-磨溪地区震旦系灯影组热液溶洞（孔）

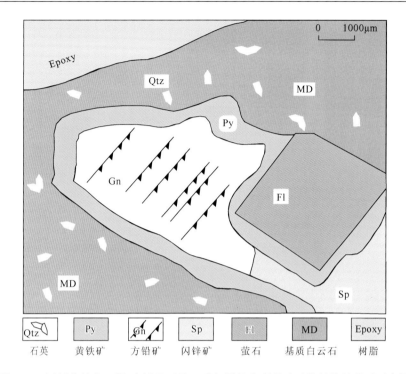

图 4-12　四川盆地高石梯-磨溪地区震旦系灯影组典型热液矿物的接触关系示意图

（二）热液重结晶和新生变形作用

基质白云岩以泥晶为主，被热液流体改造后，基质白云岩在热液流体中发生重结晶作用（同时也伴随新生变形作用），导致白云石晶体增大到 50～300μm，形成细—中晶白云岩甚至是鞍状白云石，晶粒的增大可以产生大量的晶间孔、晶间溶孔（图 4-13），有利于形成良好储层。同时，随着重结晶作用的进行，基质白云岩的晶格内部也在发生变化，早期基质白云岩属于一种有序度相对较低（0.64）的白云石，化学计量数上表现为富 Ca，稳定性较差。在热液流体的改造作用下，变成了有序度较高（0.96）（表 4-1）、接近化学计量数、较稳定的白云石，因此这一改造过程自然也包含新生变形作用。

表 4-1　研究区灯影组白云石样品有序度测试结果

样号	井号	层位	组构类型	有序度
1	GK1 井	灯四段	基质重结晶	0.96
2	GS1 井	灯四段	泥晶基质	0.64

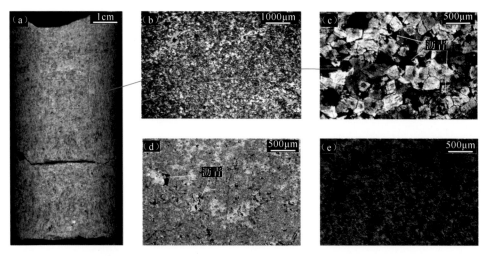

（a）细—中晶白云岩的热液晶间孔在岩心上表现为针孔状小孔，面孔率约6%，GS16井，5450.62～5450.67m；（b）图（a）中红框部分的镜下微观特征，GS16井，5450.65m，单偏光；（c）图（b）红框部分的放大特写，黑色沥青充填于热液晶间孔中，GS16井，5450.65m，单偏光；（d）细—中晶白云岩中热液晶间孔，见沥青部分充填，MX51井，5332.6m，单偏光；（e）细—中晶白云岩中，白云石内部暗淡发光，而白云石晶体边缘光亮发光，MX51井，5332.6m，阴极发光

图4-13　四川盆地高石梯-磨溪地区震旦系灯影组热液晶间孔

（三）水力压裂作用

当岩层受突然的应力作用而发生断裂时，周围孔隙流体压力（P_f）急剧下降，而低渗透性基质白云岩中孔隙流体压力不能及时释放，因此在大于周围孔隙流体压力的地方，会产生"爆炸式破裂"，即水力压裂作用（膨胀），随后热液流体沉淀出的鞍状白云石将产生的微裂隙或孔洞快速充填，形成斑马状结构和膨胀角砾结构。

斑马状结构常见于断层附近且越靠近断层，出现频率越高，常见于剪切断层之间，尤其是处于拉张环境的断层下盘。该结构记录了瞬间的剪切应力和孔隙流体压力的释放，可见于构造热液活动有关的低渗透性基质白云岩中，形成的雁列式裂隙被鞍状白云石充填后形成深色、白色相间的条纹即是斑马状结构[图3-13（a）]。膨胀角砾结构形成机理与斑马状结构相同，但形成的角砾明显较前者大得多，角砾成分一般为低渗透性基质白云岩，呈棱角状"飘浮"在鞍状白云石充填物之间，通常具有可以"拼接成一体"的效果[图3-13（f）]。水力压裂作用对于储渗空间的形成都是有利的，但其形成后大多被鞍状白云石所充填。未被完全充填的角砾间裂隙还可以保留有残余砾间孔洞，可以作为良好的储集空间。

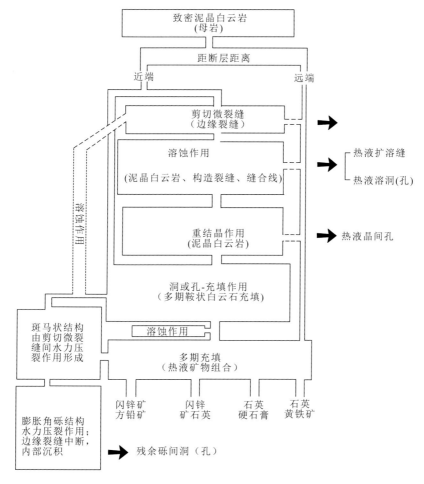

图 4-14　四川盆地震旦系灯影组热液流体成岩作用序列

第三节　热液白云岩储集相储集空间类型

热液白云岩储集相（hydrothermal dolomite reservoir facies，HDRF）的概念最早由 Davies 等（2006）提出，是指热液流体对基质石灰岩进行溶蚀、淋滤、白云石化等作用改造而形成的白云岩储集体及其基本特征。笔者从成因角度出发，分析因热液流体对灯影组致密白云岩进行改造而形成的由热液溶蚀孔隙、热液成因晶间孔、热液溶洞、热液扩溶缝 4 种储集空间构成的白云岩储集体及其基本特征，认为其形成主要由热液流体的改造作用所控制，因此也将其称为热液白云岩储集相。

一、热液晶间孔

晶间孔是热液白云岩中较常见的一种孔隙类型。热液流体作用导致基质白云岩发生强烈重结晶作用，形成晶粒较大的自形-半自形白云石晶体（50～200μm），发育大量晶间孔，晶间孔内常见沥青充填。重结晶作用较强时，重结晶后的白云石晶粒可大于 200μm，晶面呈一定弯曲、正交光下波状消光，这些特点是其他低温重结晶产物所不具备的（图 4-15）。

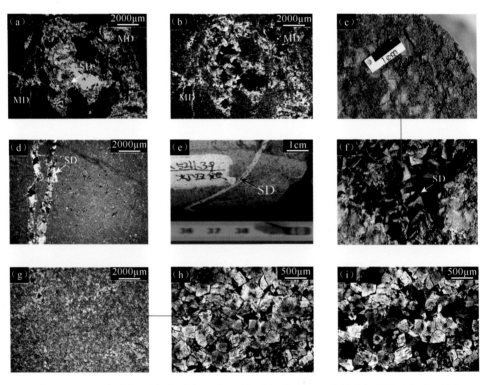

图 4-15　四川盆地高石梯-磨溪地区震旦系灯影组热液白云岩储集相储集空间类型图

二、热液溶孔（洞）

热液流体的异常高温（较地层温度至少高 5℃）会对基质白云岩发生强烈的溶蚀作用。具体表现为当深沉积盆地的基底发生断裂时，盆地内砂砾质碎屑岩储库中的低温热液沿着拉张或者扭张性断层向上流动，此外，先于热液流体存在的断裂/裂缝体系也可以为热液流体的运移提供很好的通道。区内热液溶蚀孔隙一般具有不规则溶蚀边缘，孔径为200～2000μm，大部分沿孔隙边缘部分充填鞍状白云石［图4-15（a）；图4-15（b）］。

热液溶洞构成了灯影组另一类重要储集空间，不同于表生岩溶作用形成的溶洞，该类型溶洞一般不具有特定的方向性，洞内也未见渗流粉砂、悬挂式胶结物等潜流带、渗流带岩溶标志物。与热液溶蚀孔隙成因相同，均为热液流体对基质白云岩溶蚀后的产物，但其大小为2～10mm，最大可超过20mm，并半充填-完全充填鞍状白云石、黄铁矿等热液矿物（表4-2）。

表4-2　四川盆地高石梯-磨溪地区震旦系灯影组不同成因类型储集空间及基本特征

成因类型	成岩流体	建设性成岩作用	储集空间类型	岩相学特征	典型充填物	充填物地球化学特征	阴极发光性
热液白云岩储集相	热液	热液重结晶作用	热液晶间孔	沿裂缝周缘单独或分散状分布	无	鞍状白云石具有高 Fe 含量（925×10⁻⁶），高 Mn 含量（650×10⁻⁶），高 ^{87}Sr，高均一化温度（192℃），贫 δ^{13}C（+0.1‰），贫 δ^{18}O（−11‰）的特点	SD-光亮发光；Qtz、Gn、Sp 和 Py-不发光；Fl-蓝光
		热液溶蚀作用	热液溶洞（孔）	沿裂缝周缘单独或分散状分布	SD、Qtz、Gn、Sp、Py、Fl		
			残余砾间洞（孔）	沿裂缝周缘单独或分散状分布	SD		
热液白云岩储集相	热液	热液溶蚀作用	热液扩溶缝	构造缝被扩溶，边缘不规则	SD		
表生岩溶储渗体	大气淡水	溶蚀和淋滤作用	溶洞（孔）	沿特定方向成组定向排列；组构选择性	VS、HC、BT	葡萄花边结构具有低 Fe 含量（25×10⁻⁶），低 Mn 含量（77×10⁻⁶），低 ^{87}Sr，基质白云石贫 δ^{13}C、δ^{18}O*	BT、KB、VS-不发光
			塌积砾间洞（孔）		KB、VS、BT		
			溶沟	构造缝被扩溶，边缘不规则	CD、KB、VS 和上覆沉积物		岩溶角砾及胶结物-不发光
埋藏溶蚀储集体	有机酸；H₂S、CO₂ 相关酸	埋藏溶蚀作用	晶间溶孔	沿先期形成的孔、缝、洞、缝合线；无组构选择性	呈嵌晶结构的晶粒状白云石*	晶粒状白云石 ^{87}Sr/^{86}Sr 高于同期正常海水，贫 δ^{18}O*	CD 充填物-暗淡发光或不发光；基质岩不发光*
			粒间溶孔				
			埋藏溶蚀扩溶缝				

　　注：Qtz 为石英；SD 为鞍状白云石；Gn 为方铅矿；Sp 为闪锌矿；Py 为黄铁矿；Fl 为萤石；VS 为渗流粉砂；HC 为悬挂胶结物；BT 为葡萄花边结构；CD 为晶粒状白云石；KB 为岩溶角砾。表中数据均为平均值，*引自黄志诚等（1999）；张杰等（2014）。

三、残余砾间孔（洞）

水力压裂有利于储层孔隙的形成和/或提高储层储集能力。残余的膨胀角砾之间的洞或孔可作为良好的储集空间保留。残余砾间洞（或孔）通常完全或不完全填满鞍状白云石，但仍有大量储集空间因鞍状白云石的不完全填充而保留（图 4-16）。

（a）下半部分为膨胀角砾结构，上半部分斑马状结构，GS111 井，5324m；（b）鞍状白云石（SD）和沥青充填在残余砾间洞，GS20 井，5182.5m；（c）鞍状白云石（SD）沿残余砾间洞、孔边缘半充填，GS16 井，5407.2m，单偏光；（d）残余砾间洞，GS20 井，5185.4m；（e）残余砾间洞中半充填的鞍状白云石（SD）呈明显晶面弯曲，MX51 井，5335.7m

图 4-16　四川盆地高石梯-磨溪地区震旦系灯影组残余砾间洞（孔）

四、热液扩溶缝

该类储集空间在区内岩心上较为常见，即在构造缝、成岩缝等基础上，热液流体对其进行进一步溶蚀（图 4-17），缝宽扩大，普遍半充填—充填鞍状白云石，但由于鞍状白云石晶体较大（200～1200μm），晶体间的剩余空间仍可以作为有效的渗流通道（图 4-18）。

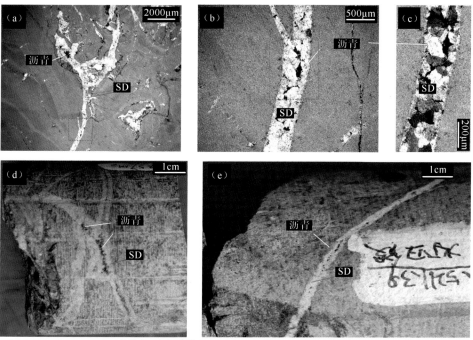

（a）MX51 井，5421.3m，单偏光；（b）单偏光；（c）MX23 井，5211.3m，正交光；（d）GS1 井，4972.7m；
（e）GS1 井，4972.7m

图 4-17　四川盆地高石梯-磨溪地区震旦系灯影组热液扩溶缝

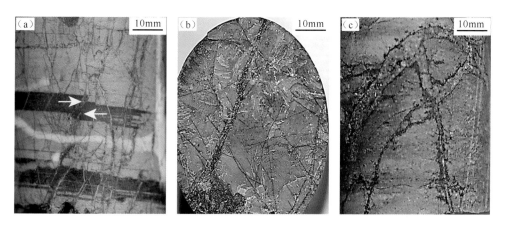

图 4-18　四川盆地高石梯-磨溪地区震旦系灯影组热液扩溶缝宏观特征

参 考 文 献

陈代钊, 2008. 构造-热液白云岩化作用与白云岩储层[J]. 石油与天然气地质, 29 (5): 614-622.

陈汉林, 杨树锋, 董传万, 等, 1997. 塔里木盆地地质热事件研究[J]. 科学通报, 42 (10): 1096-1099.

陈兰朴, 李国蓉, 吴章志, 等, 2017. 塔里木盆地塔河油田东南斜坡海西晚期奥陶系热液作用[J]. 天然气地球科学, 28 (3): 410-419.

陈松, 桂和荣, 孙林华, 等, 2011. 皖北九顶山组灰岩稀土元素地球化学特征及对古海水的制约[J]. 中国地质, 38 (3): 664-672.

陈轩, 赵文智, 刘银河, 等, 2013. 川西南地区中二叠统热液白云岩特征及勘探思路[J]. 石油学报, 34 (3): 460-466.

陈轩, 赵文智, 张利萍, 等, 2012. 川中地区中二叠统构造热液白云岩的发现及其勘探意义[J]. 石油学报, 33 (4): 562-569.

丁博钊, 张光荣, 陈康, 等, 2017. 四川盆地高石梯地区震旦系岩溶塌陷储集体成因及意义[J]. 天然气地球科学, 28 (8): 1211-1218.

杜同军, 翟世奎, 任建国, 2002, 海底热液活动与海洋科学研究[J]. 中国海洋大学学报 (自然科学版), 32 (4): 597-602.

方少仙, 侯方浩, 何江, 等, 2013.碳酸盐岩成岩作用[M]. 北京: 地质出版社.

谷丽冰, 李治平, 欧瑾, 2007. 利用二氧化碳提高原油采收率研究进展[J]. 中国矿业, 16 (10): 66-69.

郭正吾, 邓康龄, 1994. 四川盆地形成与演化[M]. 北京: 地质出版社.

胡文瑄, 陈琪, 王小林, 等, 2010. 白云岩储层形成演化过程中不同流体作用的稀土元素判别模式[J]. 石油与天然气地质, 31 (6): 810-818.

黄思静, 兰叶芳, 黄可可, 等, 2014. 四川盆地西部中二叠统栖霞组晶洞充填物特征与热液活动记录[J]. 岩石学报, 30 (3): 687-698.

黄志诚, 陈智娜, 杨守业, 等, 1999. 中国南方灯影峡期海洋碳酸盐岩原始 $\delta^{13}C$ 和 $\delta^{18}O$ 组成及海水温度[J]. 古地理学报, 1 (3): 909-931.

贾承造, 1997. 中国塔里木盆地构造特征与油气[M]. 北京: 石油工业出版社.

蒋裕强, 谷一凡, 李开鸿, 等, 2018. 四川盆地中部中二叠统热液白云岩储渗空间类型及成因[J].天然气工业, 38 (2): 16-24.

蒋裕强, 谷一凡, 刘均, 等, 2018. 川东北龙岗东地区二叠系-三叠系热液活动证据及意义[J]. 沉积学报, 36 (1): 1-10.

蒋裕强, 谷一凡, 朱讯, 等, 2017. 四川盆地川中地区震旦系灯影组热液白云岩储集相[J]. 天然气工业, 37 (3): 17-24.

蒋裕强, 陶艳忠, 谷一凡, 等, 2016. 四川盆地高石梯-磨溪地区灯影组热液白云石化作用[J]. 石油勘探与开发，43（1）：51-60.

焦存礼，何治亮，邢秀娟，等，2011. 塔里木盆地构造热液白云岩及其储层意义[J]. 岩石学报，27（1）：277-284.

金之钧，朱东亚，胡文瑄，等，2006. 塔里木盆地热液活动地质地球化学特征及其对储层影响[J]. 地质学报，80（2）：245-253.

金之钧，朱东亚，孟庆强，等，2013. 塔里木盆地热液流体活动及其对油气运移的影响[J]. 岩石学报，29（3）：1048-1058.

李国蓉，武恒志，叶斌，等，2014. 元坝地区长兴组储层溶蚀作用期次与机制研究[J]. 岩石学报，30（3）：709-717.

李继岩，王永诗，刘传虎，等，2016. 热液流体活动及其对碳酸盐岩储集层改造定量评价-以渤海湾盆地东营凹陷西部下古生界为例[J]. 石油勘探与开发，43（3）：359-366.

李茂竹，王玉英，1991. 四川华蓥山中段下二叠统灰岩中"砂糖状"白云岩[J]. 川煤地勘，（9）：45-48.

李孟涛，单文文，刘先贵，等，2006. 超临界氧化碳混相驱油机理实验研究[J]. 石油学报，27（3）：80-83.

李荣，焦养泉，吴立群，等，2008. 构造热液白云石化——一种国际碳酸盐岩领域的新模式[J]. 地质科技情报，27（3）：35-40.

李小宁，黄思静，黄可可，等，2016. 四川盆地中二叠统栖霞组白云石化海相流体的地球化学依据[J]. 天然气工业，36（10）：35-45.

李忠，黄思静，刘嘉庆，等，2010. 塔里木盆地塔河奥陶系碳酸盐岩储层埋藏成岩和构造—热流体作用及其有效性[J]. 沉积学报，28（5）：969-979.

刘建强，郑浩夫，刘波，等，2017. 川中地区中二叠统茅口组白云岩特征及成因机理[J]. 石油学报，38（4）：386-398.

刘树根，黄文明，陈翠华，等，2008. 四川盆地震旦系-古生界热液作用及其成藏成矿效应初探[J]. 矿物岩石，28（3）：41-50.

刘伟，黄擎宇，王坤，等，2016. 塔里木盆地热液特点及其对碳酸盐岩储层的改造作用[J]. 天然气工业，36（3）：14-21.

卢焕章，范宏瑞，倪培，等，2004. 流体包裹体[M]. 北京：科学出版社.

栾锡武，2004. 现代海底热液活动区的分布与构造环境分析[J]. 地球科学进展，19（6）：931-938.

栾锡武，喻普之，高德章，等，2001. 中国东海及邻近海域一条剖面的地壳速度结构研究[J]. 地球物理学进展，16（2）：28-34.

罗冰，杨跃明，罗文军，等，2015. 川中古隆起灯影组储层发育控制因素及展布[J]. 石油学报，36（4）：416-426.

罗志立，1998. 四川盆地基底结构的新认识[J]. 成都理工学院学报，（2）：191-200.

罗志立，2004. "峨眉地幔柱"对扬子板块和塔里木板块离散的作用及其找矿意义[J]. 地球学报，25（5）：515-522.

罗志立，2012. 峨眉地裂运动观对川东北大气区发现的指引作用[J]. 新疆石油地质，33（4）：401-407.

骆耀南，傅德明，何虹，2003. 峨眉地幔柱活动的成矿作用及其成矿系列[C]//峨眉地幔柱与资源环境效应学术研讨会.

吕修祥，解启来，杨宁，等，2007. 塔里木盆地深部流体改造型碳酸盐岩油气聚集[J]. 科学通报，S1：142-148.

吕修祥，杨宁，周新源，等，2008. 塔里木盆地断裂活动对奥陶系碳酸盐岩储层的影响[J]. 中国科学（D辑：地球科学），S1.

马文辛，刘树根，陈翠华，等，2011. 渝东地区震旦系灯影组硅质岩地球化学特征[J]. 矿物岩石地球化学通报，30（2）：160-171.

孟万斌，武恒志，李国蓉，等，2014. 川北元坝地区长兴组白云石化作用机制及其对储层形成的影响[J]. 岩石学报，30（3）：699-708.

潘文庆，刘永福，Dickson J A D，等，2009. 塔里木盆地下古生界碳酸盐岩热液岩溶的特征及地质模型[J]. 沉积学报，27（5）：983-994.

彭军，伊海生，夏文杰，2000. 扬子板块东南大陆边缘上震旦统热水成因硅质岩的地球化学标志[J]. 成都理工大学学报（自然科学版），27（1）：8-14.

彭晓蕾，高玉巧，刘立，2005. 含油气盆地中热流体活动的流体包裹体依据[J]. 世界地质，24（4）：350-355.

钱一雄，尤东华，陈代钊，等，2012. 塔东北库鲁克塔格中上寒武统白云岩岩石学、地球化学特征与成因探讨-与加拿大西部盆地惠而浦（Whirlpool point）剖面对比[J]. 岩石学报，28（8）：2525-2541.

卿海若，陈代钊，2010. 非热液成因的鞍形白云石：来自加拿大萨斯喀彻温省东南部奥陶系Yeoman组的岩石学和地球化学证据[J]. 沉积学报，28（5）：980-986.

覃小丽，李荣西，席胜利，等，2017. 鄂尔多斯盆地东部上古生界储层热液蚀变作用[J]. 天然气地球科学，28（1）：43-51.

邵小明，文山师，刘存革，等，2017. 塔河油田下寒武统肖尔布拉克组构造控制热液白云岩储层分布与勘探前景[J]. 地质科技情报，（2）：151-155.

宋光永，刘树根，李森明，等，2011. 四川盆地东南地区林1井灯影组鞍形白云石成因及其意义[J]. 海相油气地质，16（2）：53-60.

宋鸿彪，罗志立，1995. 四川盆地基底及深部地质结构研究的进展[J]. 地学前缘，2（4）：231-237.

孙林华，桂和荣，贺振宇，2010. 皖北灵璧地区新元古代灰岩的稀土元素特征[J]. 稀土，31（6）：32-40.

王根厚，冉书明，王小牛，等，2001. 转换断层及其地质意义——以阿尔金转换断层为例[J]. 成都理工大学学报（自然科学版），28（2）：183-186.

王国芝，刘树根，李娜，等，2014. 四川盆地北缘灯影组深埋白云岩优质储层形成与保存机制[J]. 岩石学报，30（3）：667-678.

王小林，万野，胡文瑄，等，2017. 白云石与富硅流体的水-岩反应实验及其储层地质意义[J]. 地质论评，（6）：1639-1652.

王玉萍，董春梅，陈洪德，等，2014. 鄂尔多斯盆地中西部奥陶纪热液活动的证据及其对储层发育的影响[J]. 海相油气地质，19（2）：23-31.

吴茂炳，王毅，郑孟林，等，2007. 塔中地区奥陶纪碳酸盐岩热液岩溶及其对储层的影响[J]. 中国科学：，（S1）：83-92.

肖凯，时志强，吴冰，等，2017. 川东南地区林1井震旦系灯影组电子探针分析：热液白云岩化过程中的元素变化[J]. 矿物岩石地球化学通报，36（2）：289-298.

许效松，刘宝珺，徐强，等，1997. 中国西部大型盆地分析及地球动力学[M]. 北京：地质出版社.

杨光，汪华，沈浩，等，2015. 四川盆地中二叠统储层特征与勘探方向[J]. 天然气工业，35（7）：10-16.

杨海军，李开开，潘文庆，等，2012. 塔中地区奥陶系埋藏热液溶蚀流体活动及其对深部储层的改造作用[J]. 岩石学报，28（3）：783-792.

杨平，丁博钊，范畅，等，2017. 四川盆地中部高石梯地区柱状下拉异常体分布特征及成因[J]. 石油勘探与开发，44（3）：370-379.

杨威，魏国齐，赵蓉蓉，等，2014. 四川盆地震旦系灯影组岩溶储层特征及展布[J]. 天然气工业，34（3）：55-60.

殷积峰，谷志东，李秋芬，2013. 四川盆地大川中地区古老断裂发育特征及其地质意义[J]. 石油与天然气地质，34（3）：376-382.

员海朋，2003. 塔里木微板块震旦-寒武系火山岩地球化学及其大地构造意义[J]. 西北地质，36（3）：1-6.

张杰，Jones B，潘立银，等，2014. 四川盆地震旦系灯影组葡萄状白云岩成因[J]. 古地理学报，16（5）：715-725.

张涛，苏玉山，佘刚，等，2015. 热液白云岩发育模式——以扎格罗斯盆地白垩系 A 油田为例[J]. 石油与天然气地质，36（3）：393-401.

张学丰，胡文瑄，张军涛，等，2008. 塔里木盆地下奥陶统白云岩化流体来源的地球化学分析[J]. 地学前缘，15（2）：80-89.

赵文智，沈安江，郑剑锋，等，2014. 塔里木、四川及鄂尔多斯盆地白云岩储层孔隙成因探讨及对储层预测的指导意义[J]. 中国科学：地球科学，（9）.

赵锡奎，1991. 黔中下二叠统碳酸盐岩中的构造-埋藏热液白云化作用[J]. 沉积与特提斯地质，（6）：41-47.

郑聪斌，章贵松，王飞雁，2001. 鄂尔多斯盆地奥陶系热水岩溶特征[J]. 沉积学报，19（4）：525-530.

郑剑锋，沈安江，潘文庆，等，2011. 塔里木盆地下古生界热液白云岩储层的主控因素及识别特征[J]. 海相油气地质，16（4）：47-56.

周肖贝，李江海，傅臣建，等，2012. 塔里木盆地北缘南华纪-寒武纪构造背景及构造-沉积事件探讨[J]. 中国地质，39（4）：900-911.

朱东亚，胡文瑄，宋玉才，等，2005. 塔里木盆地塔中 45 井油藏萤石化特征及其对储层的影响[J]. 岩石矿物学杂志，24（3）：205-215.

朱东亚，金之钧，胡文瑄，2010. 塔北地区下奥陶统白云岩热液重结晶作用及其油气储集意义[J]. 中国科学：地球科学，40（2）：156-170.

朱东亚，金之钧，胡文瑄，等，2008. 塔里木盆地深部流体对碳酸盐岩储层影响[J]. 地质论评，54（3）：348-354.

Al-Aasm，2003. Origin and characterization of hydrothermal dolomite in the Western Canada Sedimentary Basin[J]. Journal of Geochemical Exploration，78（03）：9-15.

Atwater T，1972. Test of new global tectonics：discussion[J]. Geological Society of America Bulletin，56（2）：385-392.

Aulstead K L, Spencer R J, 1985. Diagenesis of keg river formation, northwestern Alberta: fluid inclusion evidence[J]. Bulletin of Canadian Petroleum Geology, 33 (2): 167-183.

Barale L, Bertok C, Atri D A, et al., 2013. Hydrothermal dolomitization of the carbonate Jurassic succession in the Provençal and Subbriançonnais Domains (Maritime Alps, North-Western Italy) [J]. Comptes Rendus Geoscience, 345 (1): 47-53.

Berger Z, Davies G R, 1999. The development of linear hydrothermal dolomite (HTD) reservoir facies along wrench or strike-slip fault systems in the Western Canada sedimentary basin[J]. Canadian Society of Petroleum Geologists Reservoir, 26: 34-38.

Boni M, Parente G, Bechstädt T, et al., 2000. Hydrothermal dolomites in SW Sardinia (Italy): evidence for a widespread late-variscan fluid flow event[J]. Sedimentary Geology, 131 (3-4): 181-200.

Boreen T, Colquhoun L, 2001. Ladyfern, NEBC: Major gas discovery in the Devonian Slave Point Formation (abs.): Canadian Society of Petroleum Geologists, Annual Convention, Abstracts, 112/1-5.

Boreen T, Davies G R, 2004. Hydrothermal dolomite and leached limestones in a TCF gas play: The Ladyfern Slave Point reservoir, NEBC[C]//Dolomites-The spectrum: Mechanisms, models, reservoir development: Canadian Society of Petroleum Geologists, Seminar and Core Conference.

Bradley D C, Kidd W S F, 1991. Flexural extension of the upper continental crust in collisional foredeeps[J]. Geological Society of America Bulletin, 103 (11): 1416.

Braithwaite C J R, Rizzi G, 1997. The geometry and petrogenesis of hydrothermal dolomites at Navan, Ireland[J]. Sedimentology, 44 (3): 20.

Cantrell D L, Swart P K, Hagerty R M, 2004. Genesis and characterization of dolomite, Arab-D Reservoir, Ghawar Field[J]. GeoArabia, 9 (2): 11-36.

Cervato C, 1990. Hydrothermal dolomitization of Jurassic-Cretaceous limestones in the southern Alps (Italy): Relation to tectonics and volcanism[J]. Geology, 18 (5): 458-461.

Charnock H, 1964. Anomalous Bottom Water in the Red Sea[J]. Nature, 203 (4945): 591.

Chen D Z, Qing H R, Yang, 2004. Multistage hydrothermal dolomites in the middle devonian (Givetian) carbonates from the Guilin area, South China[J]. Sedimentology, 51 (5): 1029-1051.

Chou I M, Song Y, Burruss R C, 2008. A new method for synthesizing fluid inclusions in fused silica capillaries containing organic and inorganic material[J]. Geochimica Et Cosmochimica Acta, 72 (21): 5217-5231.

Cocherie A, Calvez J Y, Oudin-Dunlop E, et al., 1994. Hydrothermal activity as recorded by Red Sea sediments: Sr-Nd isotopes and REE signatures[J]. Marine Geology, 118 (3-4): 291-302.

Conliffe J C, Azmy K A, Knight I K, et al., 2009. Dolomitization of the Lower Ordovician Watts Bight Formation of the St. [J]. Revue Canadienne Des Sciences De La Terre, 46 (4): 247-261.

Connolly P, Cosgrove J, 1999. Prediction of fracture-induced permeability and fluid flow in the crust using experimental stress data[J]. AAPG Bulletin, 83 (5): 757-777.

Davies G R, Simth L B, 2006. Structurally controlled hydrothermal dolomite reservoir facies: An overview[J]. AAPG Bulletin, 90 (11): 1641-1690.

Dörling S L, Dentith M, Groves D, et al., 1996. Mississippi Valley-type deposits of the Lennard Shelf. An example of the interplay of extensional deformation, sedimentation and mineralization[M]. Littleton: Society of Economic Geologists Special Publication.

Duggan J P, Mountjoy E W, Stasiuk L D, 2001. Fault-controlled dolomitization at Swan Hills Simonette oil field (Devonian), deep basin west-central Alberta, Canada[J]. Sedimentology, 48 (2): 301-323.

Dunsmore H E, 1973. Diagenetic processes of lead-zinc emplacement in carbonates[J]. Institute Mining and Metallurgy Transactions, Section B, 82: B168-B173.

Feng M, Wu P, Qiang Z, et al., 2017. Hydrothermal dolomite reservoir in the precambrian dengying formation of central Sichuan basin, southwestern China[J]. Marine & Petroleum Geology, 82: 206-219.

Georgen J E, Lin J, 2002. Three-dimensional passive flow and temperature structure beneath oceanic ridge-ridge-ridge triple junctions[J]. Earth and Planetary Science Letters, 204 (1-2): 1-132.

Gu Y F, Zhou, Jiang Y Q, et al., 2019. A model of hydrothermal dolomite reservoir facies in precambrian dolomite, central Sichuan basin, SW China and its geochemical characteristics[J]. Acta Geologica Sinica (English Edition), 93 (1): 130-145.

Haas J R, 1995. Rare earth elements in hydrothermal systems: estimates of standard partial molal thermodynamic properties of aqueous complexes of the rare earth elements at high pressures and temperatures[J]. Geochim. Cosmochim. Acta, 59 (21): 4329-4350.

Hardie L A, 1986. Perspectives on dolomitization: Acritical review of some current views[J]. Journal of Sedimentary Petrology, 57: 166-183.

Hecht L, Freiberger R, Gilg H A, et al., 1999. Rare earth element and isotope (C, O, Sr) characteristics of hydrothermal carbonates: genetic implications for dolomite-hosted talc mineralization at Göpfersgrün (Fichtelgebirge, Germany) [J]. Chemical Geology, 155 (1-2): 115-130.

Hips K, Haas J, Győri, 2016. Hydrothermal dolomitization of basinal deposits controlled by a synsedimentary fault system in Triassic extensional setting, Hungary[J]. International Journal of Earth Sciences, 105 (4): 1-17.

Hodgson C J, 1989. Patterns of mineralization, in J. T. Burnsnall, ed., Mineralization and shear zones, chapter 3: Geological Association of Canada Short Course Notes 6: 51-88.

Huff W D, Kolata D R, 1990. Correlation of the ordovician deicke and millbrig K-bentonites between the mississippi valley and the southern appalachians 1[J]. AAPG Bulletin, 74: 11 (11): 1736-1747.

Hurley N F, Budros R, 1990. Albion-Scipio and Stoney Point fields—U.S.A. Michigan Basin, in E. A. Beaumont and N. H.Foster, eds., Stratigraphic traps I: AAPG Treatise of Petroleum Geology, Atlas of Oil and Gas Fields: 1-37.

Hurley N F, Swager D R, 1989. Multiscale reservoir heterogeneity in fracture-controlled dolomites, Albion-Scipio and Stoney Point fields, Michigan[J]. AAPG Bulletin, 73: 9.

Hyatt J A, 1984. Liquid and supercritical carbon dioxide as organic solvents[J]. Journal of Organic Chemistry, 49 (26): 5097-5101.

Inoue A, 1995. Formation of clay minerals in hydrothermal environments[M]//Velde B. Origin and mineralogy of clays. Berlin: Springer: 268-329.

Jonas L, Mller T, Dohmen R, et al., 2017. Hydrothermal replacement of biogenic and abiogenic aragonite by Mg-carbonates-Relation between textural control on effective element fluxes and resulting carbonate phase[J]. Geochimica Et Cosmochimica Acta, 196: 289-306.

Jones C E, 2001. Seawater strontium isotopes, oceanic anoxic events, and seafloor hydrothermal activity in the Jurassic and Cretaceous[J]. American Journal of Science, 301 (2): 112-149.

Katz D A, Eberli G P, Swart P K, et al., 2006. Tectonic-hydrothermal brecciation associated with calcite precipitation and permeability destruction in Mississippian carbonate reservoirs, Montana and Wyoming[J]. AAPG Bulletin, 90 (11): 1803-1841.

Keith B D, 1986. Reservoirs resulting from facies-independent dolomitization: Case histories from the Trenton and Black River carbonate rocks of the Great Lakes area[J]. Carbonates & Evaporites, 1 (1): 74.

Knipe R J, 1993, The influence of fault zone processes and diagenesis on fluid flow, in A. D. Horbury and A. G. Robinson, eds., Diagenesis and basin development: AAPG Studies in Geology 36, chapter 10, p. 135-151.

Knipe R J, Jones G, Fisher Q J, 1998, Faulting, fault sealing and fluid flow in hydrocarbon reservoirs: An introduction, in G. Jones, Q. J. Fisher, and R. J. Knipe, eds., Faulting, fault sealing and fluid flow in hydrocarbon reservoirs: Geological Society (London) Special Publication 147, p. vii- xxi.

Kostecka A, 1995. A Model of Orientation of Subcrystals in Saddle Dolomite[J]. Journal of Sedimentary Research, 65 (2): 332-336.

Lapponi F, Bechstädt T, Boni M, et al., 2013. Hydrothermal dolomitization in a complex geodynamic setting (Lower Palaeozoic, northern Spain) [J]. Sedimentology, 61 (2): 411-443.

Large D E, 1980. Geological parameters associated with sediment-hosted, submarine exhalative Pb-Zn deposits: An empirical model for mineral exploration[J]. Geologisches Jahrbuch, 40.

Lavoie D, Chi G, Urbatsch M, et al., 2010. Massive dolomitization of a pinnacle reef in the Lower Devonian West Point Formation (Gaspé Peninsula, Quebec): An extreme case of hydrothermal dolomitization through fault-focused circulation of magmatic fluids[J]. AAPG Bulletin, 94 (4): 513-531.

Lavoie D, Ghi G, Brennan-Alpert P, et al., 2005. Hydrothermal dolomitization in the Lower Ordovician Romaine Formation of the Anticosti Basin: significance for hydrocarbon exploration[J]. Bulletin of Canadian Petroleum Geology, 53 (53): 454-471.

Lavoie D, Morin C, 2004. Hydrothermal dolomitization in the Lower Silurian Sayabec Formation in northern Gaspé-Matapédia (Québec): Constraint on timing of porosity and regional significance for hydrocarbon reservoirs[J]. Bulletin of Canadian Petroleum Geology, 52 (3): 256-269.

Lewis H, Couples G D, 1999. Carboniferous basin evolution of Central Ireland-simulation of structural controls on mineralization[J]. Geological Society, London, Special Publications, 155 (1): 277-302.

Liu Shugen, Huang Wenming, Jansa L F, et al., 2014. Hydrothermal dolomite in the upper sinian (upper proterozoic) dengying formation, east Sichuan basin, China[J]. Acta Geologica Sinica (English Edition), 88 (5): 1466-1487.

Lonnee J，Machel H G，2006. Pervasive dolomitization with subsequent hydrothermal alteration in the Clarke Lake gas field，Middle Devonian Slave Point Formation，British Columbia，Canada[J]. AAPG Bulletin，90（11）：1739-1761.

Luczaj J A，2006. Evidence against the Dorag（Mixing-Zone）model for dolomitization along the Wisconsin arch-A case for hydrothermal diagenesis[J]. AAPG Bulletin，90（90）：1719-1738.

Luczaj J A，Iii W B H，Williams N S，2006. Fractured Hydrothermal Dolomite Reservoirs in the Devonian Dundee Formation of the Central Michigan Basin[J]. AAPG Bulletin，90（11）：1787-1801.

Machel H G，1987. Saddle dolomite as a by-product of chemical compaction and thermochemical sulfate reduction[J]. Geology，15（10）：1301-1306.

Majorowicz J A，Jessop A M，1981. Regional heat flow patterns in the Western Canadian Sedimentary Basin[J]. Tectonophysics，74（3-4）：209-238.

Malone J J，Baker P A，Burns S J，1996. Hydrothermal dolomitization and recrystallization of dolomite breccias from the miocene monterey formation，tepusquet area，California[J]. Journal of Sedimentary Research，66（5）：976-990.

Matsumoto R，Iijima A，Katayama T，1988. Mixed-water and hydrothermal dolomitization of the pliocene ahirahama limestone，izu peninsula，central Japan[J]. Sedimentology，35（6）：979-998.

Mclennan S M，1989. Rare earth elements in sedimentary rocks：Infl uence of provenance and sedimentary processes[J]. Reviews in Mineralogy and Geochemistry，21（1）：169-200.

Middleton K，Coniglio M，Sherlock R，et al.，1993. Dolomitization of Middle Ordovician carbonate reservoirs，southwestern Ontario[J]. Bulletin of Canadian Petroleum Geology，41（2）：150-163.

Miller A R，Densmore C D，Degens E T，et al.，1966. Hot brines and recent iron deposits in deeps of the Red Sea[J]. Geochimica Et Cosmochimica Acta，30（3）：341-359.

Morrow D W，2014. Zebra and boxwork fabrics in hydrothermal dolomites of northern Canada: indicators for dilational fracturing，dissolution or in situ，replacement?[J]. Sedimentology，61（4）：915-951.

Naylor M A，Mandl G，Supesteijn C H K，1986. Fault geometries in basement-induced wrench faulting under different initial stress states[J]. Journal of Structural Geology，8（7）：737-752.

Nelson J A，1997. The quiet counter-revolution：Structural control of syngenetic deposits[J]. Geoscience Canada，24（2）：91-98.

Nelson，J L，Paradis，et al.，2002. Canadian cordilleran mississippi valley-type deposits: A case for devonian-mississippian back-arc hydrothermal origin[J]. Economic Geology & the Bulletin of the Society of Economic Geologists，97（5）：1013-1036.

Nurkhanuly U，Dix G R，2014. Hydrothermal dolomitization of upper ordovician limestone，central-east Canada：fluid flow in a craton-interior wrench-fault system likely driven by distal taconic tectonism[J]. Journal of Geology，122（3）：259-282.

Packard J J，Al-Aasm I，Samson I，et al.，2001. A Devonian hydrothermalchert reservoir：The 225 bcf parkland field，british columbia，Canada[J]. AAPG Bulletin，85（1）：51-84.

Pan Z，Chou I M，Burruss R C，2009. Hydrolysis of polycarbonate in sub-critical water in fused silica capillary reactor with in situ Raman spectroscopy[J]. Green Chemistry，11（8）：1105.

Phillips W J，1972. Hydraulic fracturing and mineralization[J]. Journal of the Geological Society

（London），128：337-359.

Qing H，Mountjoy E W，1994. Rare earth element geochemistry of dolomites in the Middle Devonian Presqu'ile barrier，Western Canada Sedimentary Basin：implications for fluid-rock ratios during dolomitization[J]. Sedimentology，41（4）：787-804.

Qing H，Mountjoy E，1992. Large-scale fluid flow in the middle devonian presqu'ile barrier，western Canada sedimentary basin[J]. Geology，20（10）：903.

Radke B M，Mathis R L，1980. On the formation and occurrence of saddle dolomite[J]. Journal of Sedimentary Petrology，50（4）：1149-1168.

Rona P A，Scott S D，1993. A special issue on sea-floor hydrothermal mineralization：new perspectives：preface[J]. Economic Geology，88（8）：1935-1976.

Ronchi P，Masetti D，Tassan S，et al.，2012. Hydrothermal dolomitization in platform and basin carbonate successions during thrusting：A hydrocarbon reservoir analogue（mesozoic of venetian southern Alps，Italy）[J]. Marine & Petroleum Geology，29（1）：68-89.

Russell M J，Solomon M，Walshe J L，1981. The genesis of sediment-hosted，exhalative zinc+lead deposits[J]. Mineralium Deposita，16（1）：113-127.

Sagan J A，Hart B S，2006. Three-dimensional seismic-based definition of fault-related porosity development：Trenton-Black River interval，Saybrook，Ohio[J]. AAPG Bulletin，：1763-1785.

Schneider W，Geng A，Liu X，1991. Diagenesis and mineralization processes in devonian carbonate rocks of the Siding-Gudan lead-zinc mineral subdistrict，Guangxi，Southwest China[J]. Carbonates & Evaporites，6（1）：53.

Schreurs G，1994. Experiments on strike-slip faulting and block rotation[J]. Geology，22（6）：567-570.

Shah M M，Nader F H，Garcia D，et al.，2012. Hydrothermal Dolomites in the early Albian（Cretaceous）platform carbonates（NW Spain）：nature and origin of dolomites and dolomitising fluids[J]. Oil & Gas Science & Technology，67（1）：97-122.

Skornyakova I S，1965.Dispersed iron and manganese in Pacific Ocean sediments[J]. International Geology Review，7（5）：2161-2174.

Smith J，2006. Origin and reservoir characteristics of Upper Ordovician Trenton-Black River hydrothermal dolomite reservoirs in New York[J]. AAPG Bulletin，90（11）：1691-1718.

Stahl E，Schuetz E，Mangold H K，1980. Extraction of seed oils with liquid and supercritical carbon dioxide[J]. Journal of Agricultural and Food Chemistry，28（6）：1153-1157.

Steen Ø.，Sverdrup E，Hanssen T H，1998. Predicting the distribution of small faults in a hydrocarbon reservoir by combining outcrop，seismic and well data[J]. Geological Society London Special Publications，147（1）：27-50.

Stoffregen R E，1987. Genesis of acid-sulfate alteration and Au-Cu-Ag mineralization at Summitville，Colorado[J]. Economic Geology，82（6）：1575-1591.

Subramaniam B，Rajewski R A，Snavely K，1997.Pharmaceutical processing with supercritical carbon dioxide.[J]. Journal of Pharmaceutical Sciences，86（8）：885-890.

Sylvester A G，1988. Strike-slip faults[J]. Geological Society of America Bulletin，100（100）：1666-1703.

Tarasewicz J P T，Woodcock N H，Dickson J A D，2005. Carbonate dilation breccias: examples from the damage zone to the dent Fault，northwest England[J]. Geological Society of America Bulletin，117（5）: 6722-6723.

Vearncombe J，Chisnall A W，Dentith M，et al.，1996. Structural controls on mississippi valley-type mineralization，the southeast lennard shelf，Western Australia[M]. Society of Economic Geologists Special Publication，

Veizer J，1989. Strontium isotopes in seawater through time[J]. Annual Review of Earth and Planetary Science Letters，17: 141-167.

Warren J，2000. Dolomite: occurrence，evolution and economically important associations[J]. Earth-Science Reviews，52（1）: 1-81.

Wei W，Chen D，Qing H，et al.，2017. Hydrothermal dissolution of deeply buried cambrian dolomite rocks and porosity generation: integrated with geological studies and reactive transport modeling in the Tarim Basin，China[J]. Geofluids，: 1-19.

Werner W，1990. Examples of structural control of hydrothermal mineralization: fault zones in epicontinental sedimentary basins-A review[J]. Geologische Rundschau，79（2）: 279-290.

White D E，1957. Thermal waters of volcanic origin[J]. Bulletin of the Geological Society of America，68: 1637-1658.

Wilson J T，1965. A New Class of faults and their bearing on continental drift[J]. Nature，207（4995）: 343-347.

Woodcock N H，Fischer M，1986. Strike-slip duplexes[J]. Journal of Structural Geology，8（7）: 725-735.

Yang J，Sun W，Wang Z，et al.，1999. Variations in Sr and C isotopes and Ce anomalies in successions from China: Evidence for the oxygenation of Neoproterozoic seawater?[J]. Precambrian Research，93（2）: 215-233.

Yuan S，Chou I M，Burruss R C，2013. Disproportionation and thermochemical sulfate reduction reactions in S-H_2O-CH_4 and S-D_2O-CH_4，systems from 200 to 340℃ at elevated pressures[J]. Geochimica Et Cosmochimica Acta，118: 263-275.

Zhang H，Chen G，Zhu Y，et al.，2017. Discovery of rare hydrothermal alterations of oligocene dolomite reservoirs in the Yingxi area，Qaidam，West China[J]. Carbonates & Evaporites，（1/2）: 1-17.